土木工程理论与结构探析研究

赵云丽 李 冉 党亚倩 ◎ 著

吉林出版集团股份有限公司

图书在版编目（CIP）数据

土木工程理论与结构探析研究 / 赵云丽，李冉，党
亚倩著. — 长春：吉林出版集团股份有限公司，2024.4
　ISBN 978-7-5731-4889-6

Ⅰ. ①土… Ⅱ. ①赵… ②李… ③党… Ⅲ. ①土木工
程－工程结构 Ⅳ. ①TU3

中国国家版本馆 CIP 数据核字（2024）第 079274 号

土木工程理论与结构探析研究
TUMU GONGCHENG LILUN YU JIEGOU TANXI YANJIU

著　　者	赵云丽　李　冉　党亚倩	
出版策划	崔文辉	
责任编辑	侯　帅	
封面设计	文　一	
出　　版	吉林出版集团股份有限公司	
	（长春市福祉大路 5788 号，邮政编码：130118）	
发　　行	吉林出版集团译文图书经营有限公司	
	（http://shop34896900.taobao.com）	
电　　话	总编办：0431-81629909　营销部：0431-81629880/81629900	
印　　刷	北京昌联印刷有限公司	
开　　本	787mm×1092mm　　1/16	
字　　数	350 千字	
印　　张	17	
版　　次	2024 年 4 月第 1 版	
印　　次	2024 年 4 月第 1 次印刷	
书　　号	ISBN 978-7-5731-4889-6	
定　　价	89.00 元	

如发现印装质量问题，影响阅读，请与印刷厂联系调换。电话：010-82751067

前　言

随着改革开放的持续深入推进,我国对基础设施的建设与完善不仅从未停止,反而加快了建设步伐,并呈现出诸多新的特点。土木行业正在一步步从传统走向现代,从单一走向综合,从劳动密集型走向科技密集型。传统的土木建设的目的是提供人类工作、学习、生活、休闲的空间,现代土木在保持传统建设目的的同时,更加注重对建筑空间的改善、建筑对人心灵的影响、建筑与人文艺术的协调、建筑与自然环境的统一、建筑对人体健康的影响。传统的土木集中了大量的劳动力,效率低下,质量难以保证;现代土木尽量使用各种专业机械以减少人工,并注重建筑与信息化的结合,注重建筑的设计、建造、管理、维护的全寿命周期过程的成本最优和低碳环保。

目前人类面临着资源消耗、环境恶化等问题,作为承载民众福祉、城市运行和经济发展的土木工程类行业,必须从传统的安全、经济向舒适、美观、耐久、可持续方向发展。土建行业未来的发展方向应该是绿色土建工程、新型建筑工业化和建筑信息化智能化三方面。这三方面不应孤立发展,应三位一体协调发展。

笔者在编写本书过程中,参考了其他一些作者的相关内容与资料,在此表示衷心的感谢。由于笔者水平及时间所限,书中难免存在疏漏和不当之处,敬请有关专家和广大读者批评指正。

目 录

第一章 土木工程概述 ·· 1

    第一节 土木工程概述 ·· 1

    第二节 土木工程的分支 ·· 3

第二章 土木工程项目施工技术综合研究 ·· 6

    第一节 概述 ·· 6

    第二节 基坑挡土支护技术 ·· 7

    第三节 浅基础施工 ·· 13

    第四节 桩基础概述 ·· 21

    第五节 钢筋混凝土预制桩的施工 ··· 23

    第六节 混凝土灌注桩的施工 ··· 32

    第七节 地基的处理与加固 ·· 45

    第八节 脚手架及垂直运输设施 ·· 58

    第九节 砌体施工的准备工作 ··· 68

    第十节 砌筑工程的类型与施工 ·· 70

    第十一节 砌筑工程的质量及安全技术 ··· 85

    第十二节 模板工程技术实践 ··· 86

    第十三节 钢筋工程技术实践 ··· 94

    第十四节 混凝土工程技术实践 ·· 107

第三章 房屋建筑工程理论 ·· 118

    第一节 工程力学与工程结构 ··· 118

    第二节 建筑构造 ·· 125

第三节　建筑结构体系 ……………………………………… 126

第四节　建筑施工技术 ……………………………………… 142

第四章　桥梁工程理论 …………………………………… 162

第一节　桥梁的组成和分类 ………………………………… 162

第二节　桥梁的结构体系 …………………………………… 166

第五章　轨道交通工程理论 ……………………………… 170

第一节　铁道的产生 ………………………………………… 170

第二节　铁道的组成与今后发展 …………………………… 173

第三节　高速轨道交通系统 ………………………………… 180

第四节　城市轨道交通工程 ………………………………… 182

第六章　地下空间与隧道工程理论 ……………………… 185

第一节　地下空间简述 ……………………………………… 185

第二节　隧道类型与隧道结构 ……………………………… 188

第三节　隧道施工 …………………………………………… 189

第七章　水利工程理论 …………………………………… 194

第一节　概述 ………………………………………………… 194

第二节　水利水电工程 ……………………………………… 197

第三节　水工建筑物 ………………………………………… 201

第四节　港口航道与海岸工程 ……………………………… 207

第八章　道路工程理论 …………………………………… 216

第一节　道路工程的基本内容 ……………………………… 216

第二节　中国古代道路 ……………………………………… 218

第三节　西方古代道路 ……………………………………… 221

第四节　西方近现代道路与筑路技术 ……………………… 222

第五节　中国道路建设 ……………………………………… 225

第六节　城市道路网络 ……………………………………… 227

第七节　道路建设 ··· 229

第九章　预应力混凝土工程理论 ································ 237

第一节　概述 ··· 237

第二节　先张法施工 ··· 240

第三节　后张法施工 ··· 246

第四节　无粘结预应力混凝土施工 ··· 258

参考文献 ·· 262

第一章 土木工程概述

第一节 土木工程概述

什么是土木工程？根据历史记载，土木工程是人类有史以来最古老的工程技术之一，其历史至少可追溯到 5000 年前的古埃及金字塔、古罗马庙宇、古代水利灌溉工程和许多古代著名建筑（工程）。尽管随着历史的变迁，"土木工程"的意义发生了很大的变化，但其基本内涵仍然是运用科学技术和人类的发明创造性地解决实际的工程问题。

根据伦敦英国皇家土木工程师宪章（1818）记载，土木工程是"构成土木工程师职业的一门学科，是引导绝大多数种类的自然力量为人类服务的一种艺术"。

土木工程的英文是 Civil Engineering，其中"Civil"源于单词"civilization"，其意为"民用"，所以 Civil Engineering 的直译也称为民用工程。人类文明进步和许多方面都与土木工程有关。可以说，土木工程是伴随着人类追求美好生活、改变自然环境的科学技术活动的一种形式。土木工程的英文词汇还是涵盖各类建设工程的统称。

古代的土木工程在历史上有很长的时间跨度，大致可以从公元前 5000 年新石器时代最原始的土木工程活动记载，到 16 世纪末意大利的文艺复兴时期，文艺复兴也促进了土木工程的迅速发展，前后经历了两千多年。早期古代社会没有土木工程师和建筑师的区分。古埃及的金字塔，中国古代的万里长城，古罗马的公路、道路、水渠、桥梁、运河和港口等在那时都被认为是建筑师的作品和成就。直到 18 世纪，从事公共建筑设施规划设计、建造和保养维修的专业人士开始称自己为"土木工程师"。1761 年，著名的 Eddy 灯塔的设计和建造者 John Smeaton 成立了土木工程协会（又称 Smeatonian 协会），并第一个称自己为"土木工程师"，使公众开始了解土木工程师的职业和他们所从事的工作。

土木工程和近代科学技术密切联系在一起，使得近代和现代的土木工程区别于历史上的土木工程。其最重要的区别，就是近现代的"土木工程"成为一门系统的学科。虽然古代的土木工程项目只有在符合科学原理的基础上才能实现，但从事土木工程项目建设的人们对科学原理的认识，主要是通过经验的积累来感受和获取。近现代的土木工程则不再仅仅依赖经验，而更依托于建立在观察和系统试验基础上的科学理论，包括力学和材料科学的理论，而这些理论的掌握还有赖于广泛的数学知识。

土木工程与我们的日常生活密切相关，并在人类的发展历史中起到了非常重要的作用。今天，土木工程师面临着更加复杂的问题：水库堤坝和发电厂的建设需要土木工程师，各种大大小小的工程结构的建造，不论是在设计、规划还是在工程的管理上，都需要土木工程师来完成。提供我们生活的洁净安全水的水处理工厂的系统建造和运营需要土木工程师的技术专长。土木工程师还通过规划和处理人类生活垃圾的技术来减少人类对空气、土地和水的污染，保护我们的大自然环境。

总的来说，土木工程是一门古老的学科，它已经取得了巨大的成就，未来的土木工程将在人们的生活中占据更重要的地位。由于地球环境的日益恶化、人口的不断增加，人们为了生存，为了争取更舒适的生存环境，必将更加重视土木工程。21 世纪以来，许多重大工程项目已陆续建设，如插入云霄的摩天大楼、横跨大江大河的超大跨度桥梁。科技的发展以及地球不断恶化的环境也将促使土木工程向太空和海洋发展，为人类提供更广阔的空间。

　　人类也更加关注人类社会和自然的可持续发展,包括土木工程的可持续发展。另外,各种工程材料新技术的涌现也将推动土木工程的进步。传统的工程材料主要是钢材、钢筋、混凝土、木材和砖材。未来,传统材料将得到改观,一些全新的更加适合建筑的材料将问世,尤其是化学合成材料将推动建筑走向更高点。同时,设计方法的精确化、设计工作的自动化、信息和智能技术的全面引入,将使人们有一个更加舒适的居住环境。

第二节　土木工程的分支

　　土木工程涉及相当广泛的技术领域。建筑工程、交通土建工程、井巷工程、水利水运设施工程、城镇及建筑环境设施工程、防灾减灾工程,都属于广义的土木工程范围。此外,土木工程还包括减少和控制空气和水的污染、旧城改造、规划和建设新的居住区、城市的供水、供电、高速地面交通系统等,这些基础设施建设都是土木工程师涉及的技术领域。大坝、建筑、桥梁、隧道、发电厂、公路和港口等设施的建设还关系着自然环境与人类需求之间的和谐。经过多年的发展演变,今天的土木工程已被分为许多分支,如结构工程、水利与水资源工程、环境工程、交通工程、测量工程和岩土工程等。现代土木工程技术不仅包括对工程的理论分析、设计、规划、建造、维护保养、修缮和管理,还涉及应对和处置遍布全球的各类基础设施工程项目对自然环境可能造成的影响。

　　1. 结构工程

　　结构工程(Structural engineering)是与建筑和桥梁结构设计及建造相关的科学技术。任何结构,不管其功能何用,都要承受自然环境(如风荷载和地震作用)和人类活动(如货物和汽车交通)引起的荷载。这些结构必须经过设计计算,使其具有能承受各种可能的荷载作用。结构包括建筑、桥梁、管道、机器、汽车甚至是航天飞机。结构工程师的主要工作通常是进行拟建结构的设计、评估和改进既有结构的承载能力，防止其在地震中遭到损坏。为此，结构工程师必须具备扎实的专业知识，知晓结构的变形特性、材料性能、荷载属性、大小、发生概率、结构设计原理、设计规范以及计算机程序的应用等。

2. 水资源工程

水资源工程涉及水供应和水系网络、洪水和洪涝灾害的控制、水利和水质相关的环境问题以及水质环境的遥感预测的规划、管理、设计和营运等。在水资源工程中常常会用流体力学原理来解决水流动的相关问题，也包括解决固液混合的半流体力学问题。工程水利学可以定量分析水环境中水的流动与分布等水利学问题，如洪涝、沉淀物的流动、水量供应、水浪产生的力、水力机械学以及水源地表的保护与形成等。水利和水力工程师还在应用数学、实验室和建设现场等方面进行大量的试验和研究。

3. 环境工程

环境工程不仅涉及水的环境质量，还包括空气质量和土地的使用。环境工程师关注大气污染、水污染、固体废料处理、放射性有害物质控制、昆虫灾害控制和安全洁净水的供应等与环境有关的问题。他们设计了供应安全饮用水及能控制和防止水、空气和土地污染的系统。在水资源的管理等许多方面，起到了关键作用，如供水的处理与配置以及废水处理系统的设计等。这一领域是目前迅速成长起来的新兴行业。世界各国每年在水源配置和水环境处理、固体废料处理以及有害污染方面都投入巨大。

4. 交通工程

交通工程是采用某种方式将人群和物体有序高效地从一个地方运送到另一个地方的科学技术。交通系统的设计和作用不仅为人们提供了出行的便利，而且在相当长的时间里，对相关地域经济发展模式和发展程度会产生重要影响。交通工程技术集中反映在交通系统的规划、设计、建造和管理中，并形成包括交通的基础设施、运行车辆、交通管理控制系统和交通管理策略在内的有效交通系统，以保障人员和货物安全和便捷的运送。

5. 测量工程

测量工程是对地表进行精密测量以获取工程项目所在位置的可靠信息，通常，在工程设计开始之前，测量工程人员就已经在现场工作。现代测量工程师会采用大量的电子仪器甚至借助卫星技术（可提供精密的俯视详图）来进行工程测量。有些工程建设项目测量会跨越几十平方公里范围。另外，海洋上的工程测量，可以借助 GPS 定位系统，以确定工程的精确位置。

6. 岩土工程

岩土工程是土木工程中处理工程项目设计施工中与土、岩石和地下水相关的专门技术，有时也称为土体或地下工程。岩土工程师专事分析土体和岩石的性能，这些性能会影响土体和岩石所支承的上部结构、路面以及地下结构的结构特性。岩土工程师评估建筑可能出现的沉降，测算填土和边坡的稳定，评估地下水渗漏和地震的影响。参与大体量土石结构（如水坝和大堤等）、建筑基础以及一些特种结构的设计与施工，如海洋平台、隧道和大坝及深开挖等其他施工技术。

第二章　土木工程项目施工技术综合研究

第一节　概述

土地工程分类是按照土地开挖的难易程度来区分的。根据土地坚硬程度和开挖方法及使用工具，我国在《建筑安装工程统一劳动定额》中将土分成八类：

一类土（松软土）：砂土、粉土、冲积砂土层、疏松的种植土、淤泥（泥炭）。

二类土（普通土）：粉质黏土，潮湿的黄土，夹有碎石、卵石的砂，粉土混卵（碎）石，种植土、填土。

三类土（坚土）：软及中等密实黏土，重粉质黏土、砾石土，干黄土、含有碎石卵石的黄土、粉质黏土，压实的填土。

四类土（砂砾坚土）：坚硬密实的黏性土或黄土，含碎石、卵石的中等密实的黏性土或黄土，粗卵石，天然级配砂石，软泥灰岩。

五类土（软石）：硬质黏土，中密的页岩、泥灰岩、白垩土，胶结不紧的砾岩，软石灰及贝壳石灰石。

六类土（次坚石）：泥岩、砂岩、砾岩、坚实的页岩、泥灰岩，密实的石灰岩，风化花岗岩、片麻岩及正长岩。

七类土（坚石）：大理石，辉绿岩，粉岩，粗、中粒花岗岩，坚实的白云岩、砂岩、砾岩、片麻岩、石灰岩，微风化安山岩，玄武岩。

八类土（特坚石）：安山岩，玄武岩，花岗片麻岩，坚实的细粒花岗岩、闪长岩、石英岩、辉长岩、辉绿岩、粉岩、角闪岩。

第二节　基坑挡土支护技术

一、浅基坑（槽）支撑

当开挖基坑（槽）的土体因含水量大而不稳定，或基坑较深，或受到周围场地的限制而需要较陡的边坡或直立开挖土质较差时，应采用临时性支撑加固，基坑、基槽底部每边的宽度应为基础宽加 100~150mm 用地设置支撑加固结构。

当开挖较窄的沟槽时常采用横撑式土壁支撑。横撑式土壁支撑按挡土板的不同可分为以下几种形式：

（一）间断式水平支撑

两侧挡土板水平旋转，用工具或木横撑借木楔顶紧，挖一层土，支顶一层。这种方式适用于保持立壁的干土和天然温度的勃土类土，要求地下水很少、深度 2m 以内。

（二）断续式水平支撑

挡土板水平，并有间隔，挡土板内侧立竖向木方，用横撑顶紧。这种方式适用条件同上，深度在 3m 以内。

（三）连续式水平支撑

挡土板水平，无间隔，立竖木方用横撑加木楔顶紧。这种方式适用于松散的干土和天然温度的薄土类土，要求地下水很少，深度在 3~5m。

（四）连续式或间断式垂直支撑

挡土板垂直，连续或间隔，设水平木方用横撑顶紧。这种方法适用于较松散或温度很高的土，地下水较少、深度不限。

（五）水平垂直混合式支撑

适用于槽沟深度较大，下部有含水层的情况。

二、深基坑挡土支护结构

（一）深基坑支护分类及适用范围

1. 支护结构分类

支护结构主要可分为以下几类：

（1）放坡开挖及简易支护结构；

（2）悬臂式支护结构；

（3）重力式支护结构；

（4）内撑式支护结构；

（5）拉锚式支护结构；

（6）土钉墙式支护结构；

（7）其他支护结构。

2. 支护结构适用范围

（1）悬臂式支护结构适用基坑侧壁安全等级一、二、三级，悬臂式结构在软土场地中不宜大于5m，当地下水位高于基坑底面时，宜采用降水、排桩加截水帷幕或地下连续墙。

（2）水泥土重力式结构基坑侧壁安全等级宜为二、三级，水泥土桩施工范围内地基土承载力不宜大于150kPa，基坑深度不宜大于6m。

（3）内撑式支护结构适用范围广，适用于各种土层和基坑深度。

（4）拉锚式支护结构较适用于砂土。

（5）土钉墙支护结构基坑侧壁安全等级宜为二、三级的非软土场地，基坑深度不宜大于12m。当地下水位高于基坑底面时，应采用降水或截水措施。

（二）挡土桩

1. 挡土桩的布置

悬臂挡土的钢筋混凝土灌注桩，常用桩径为 500~1000mm，由计算确定。形式上可以是单排桩，顶部浇筑钢筋混凝土圈梁。双排桩悬臂挡墙是一种新型支护结构形式。它是由两排平行的钢筋混凝土桩以及在桩顶的帽梁连接而成的。它虽为悬臂式结构形式，但其结构组成又有别于单排的悬臂式结构，与其他支护结构相比，其具有施工方便、不用设置横向支点、挡土结构受力条件较好等优点。

钢筋混凝土灌注桩作为支护桩的类型可有冲（钻）孔灌注桩、沉管灌注桩、人工挖孔灌注桩等。布桩间距视有无防水要求而定。如已采取降水措施，支护桩无防水要求时，灌注桩可一字排列。如土质较好，可利用桩侧"土拱"作用，间距可为 2.5 倍桩径。如对支护桩有防水要求时，灌注桩之间可留有 100~200mm 间隙。间隙之间再设止水桩。止水桩可采用树根桩。有时将灌注桩与深层搅拌水泥土桩组合应用，前者抗弯，后者做防水帷幕起挡水作用。

圆形截面钢筋混凝土桩的配筋形式有两种：一种是将钢筋集中放在受压及受拉区，另一种是均匀放在四周。

2. 挡土桩施工

钢筋混凝土灌注桩作为支护结构，它们的施工与工程桩施工相同。

（三）土层锚杆施工

1. 锚杆的构造

基坑围护使用的锚杆大多是土层锚杆。基坑周围土层以主动滑动面为界可分为稳定区与不稳定区。每根锚杆位于稳定区部分的为锚固段，位于不稳定区部分的为自由段。土层锚一般由锚头、拉杆与锚固体组成。

2. 锚杆施工

土层锚杆施工包括钻孔、拉杆制作与安装、灌浆、张拉锁定等工序。这是施工前必须做的准备工作。

（1）钻孔

①钻机的选择。旋转式钻机、冲击式钻机和旋转冲击式钻机均可用于土层锚杆的钻孔。具体选择何种钻机应根据钻孔孔径、孔深、土质及地下水情况而定。

国内目前使用的土层锚杆钻孔机具，一部分是土锚专用钻机，另一部分则是经适当改装的常规地质钻机和工程钻机。专用锚杆钻机可用于各种土层，非专用钻机若不能带套管钻进，只能用于不易塌孔的土层。

钻孔机具选定之后再根据土质条件选择造孔方法，常用的土锚造孔方法有以下两种：

一是螺旋钻孔干作业法。由钻机的回转机构带动螺旋钻杆，在一定钻压和钻削下，将切削下的松动土体顺螺杆排出孔外。这种造孔方法宜用于地下水位以上的薄土、粉质薄土、砂土等土层。

二是压水钻进成孔法。土层锚杆施工多用压水钻进成孔法。其优点是，把钻孔过程中的钻进、出渣、固壁、清孔等工序一次完成，可防止塌孔，不留残土，软、硬土都适用。

应当注意的是，土层锚杆钻孔要求孔壁平直，不得坍塌松动，不得使用膨润土循环泥浆护壁，以免在孔壁形成泥皮，降低土体对锚固体的摩阻力。

在砂性土地层，孔位处于地下水位以下钻孔时，由于静水压力较大，水及砂会从外套管与预留孔之间的空隙向外涌出，一方面会造成继续钻进困难，另一方面水、砂石流失过多会造成地面沉降，从而造成危害。为此，必须采取防止涌水涌砂措施。一般采用孔口上水装置，并快速钻进，快速接管，入岩后再冲洗。这样既能保证成孔质量，又能解决钻进过程中涌水涌砂问题。同样在注浆时，也可采用高压稳压注浆法，用较稳定的高压水泥浆压住流砂和地下水，并在水泥浆中掺外加剂，使之速凝止水。拔外套管到最后两节时，可把压浆设备从高压快速挡改成低压慢速挡，并在浆液中改变外加剂，增大水泥浆的稠度，待水泥浆把外套管与预留孔之间空隙封死，并使水泥浆呈初凝状态后，再拔出外套管。

②钻孔的允许偏差。目前，国内对土层锚杆的钻孔允许偏差尚未做出统一规定。因此，可以将英国对土层锚杆的有关规定作为参考：孔位允许误差 ±75mm 之内，孔径可以大于但不得小于规定的直径，钻孔倾角允许误差 ±2.5° 之内，孔长允许误差小于孔长的 1/30，下倾斜孔允许超钻 0.3~0.7m。

③扩孔方法。为了提高锚杆的抗拔能力，往往采用扩孔方法扩大钻孔端头。扩孔有四种方法：机械扩孔、爆炸扩孔、水力扩孔及压浆扩孔。目前，国内多采用爆炸扩孔与压浆扩孔。扩孔锚杆的钻孔直径一般为 90~130mm，扩孔段直径一般为钻孔直径的 3~5 倍。扩孔锚杆主要用于松软地层。

（2）拉杆的制作及安装

国内土层锚杆用的拉杆，承载力较小的多用粗钢筋，承载力较大的多用钢绞线。

①拉杆的防腐处理。土层锚杆用的钢拉杆，加工前应首先清除铁锈与油脂。在锚固段内的钢拉杆，靠孔内灌水泥浆或水泥砂浆，并留有足够厚度的保护层来防腐。在无腐蚀性物质环境中，这种保护层厚度不小于 25mm；在有腐蚀性物质的环境中，保护层厚度不小于 30mm。非锚固段内的钢拉杆，应根据不同情况采取相应的防腐措施：在无腐蚀性土层中，只使用 6 个月以内的临时性锚杆，可不必做防腐处理，一次灌浆即可；使用期在 6 个月以上 2 年以内的，须经一般简单的防腐处理，如除锈后刷 2~3 道富锌漆或铅底漆等耐湿、耐久的防锈漆；对使用 2 年以上的锚杆，则须做认真的防腐处理，如除锈后涂防锈油膏，并套聚乙烯管，两端封闭，在锚固段与非锚固段交界处大约 20cm 范围内浇注热沥青，外包沥青纸以隔水。

②拉杆制作。钢筋拉杆由一根或数根粗钢筋组合而成，如果为数根粗钢筋，则应绑扎或电焊连成一体。钢拉杆长度为设计长度加上张拉长度。为了将拉杆安置在钻孔中心，并防止入孔时搅动孔壁，沿拉杆体全长每隔 1.5~2.5m 布设一个定位器。粗钢筋拉杆若过长，为了安装方便可分段制作，并采用套筒机械连接

法或双面搭接焊法连接。若采用双面搭接焊，则焊接长度不应小于 8d（d 为钢筋直径）。

（3）注浆

锚孔注浆是土层锚杆施工的重要工序之一。注浆的目的是形成锚固段，并防止钢拉杆腐蚀。此外，压力注浆还能改善锚杆周围土体的力学性能，使锚杆具有更大的承载能力。

锚杆注浆用水泥砂浆，宜用强度等级不低于 42.5MPa 的普通硅酸盐水泥，其细骨料、含泥量、有害物质含量等均应符合相应规范的要求。注浆常用水灰比 0.40~0.45 的水泥浆，或灰砂比 1∶1~1∶1.2，水灰比 0.38~45 的水泥砂浆，必要时可加入一定量的外加剂或掺和料，以改善其施工性能以及与土体的粘结。锚杆注浆用水、水泥及其添加剂应注意氯化物与硫酸盐的含量，以防止对钢拉杆的腐蚀。注浆方法有一次注浆法和二次注浆法两种。

一次注浆法：用泥浆泵通过一根注浆管自孔底起开始注浆，待浆液流出孔口时，将孔口封堵，继续以 0.4~0.6MPa 压力注浆，并稳压数分钟，注浆结束。

二次注浆法：锚孔内同时装入两根注浆管。注浆管由直径 20mm 镀锌铁管制成。两根注浆管分别用于一次注浆与二次注浆。一次注浆管的管底出口用黑胶布封住，以防沉放时管口进土。开始注浆时管底孔直径 50cm 左右，随一次浆注入，一次注浆管可逐步拔出，待一次浆量注完即予以回收；二次注浆用注浆管，管底出口封堵严密，从管端起向上沿锚固段全长每隔 1~2m 做一段花管，花管孔眼为 φ6~φ8，花管段用黑胶布封口。花管段长度及孔眼间距需要专门设计。一次注浆可注水泥浆或水泥砂浆，注浆压力 0.3~0.5MPa。待一次浆初凝后，即可进行二次注浆。二次注浆压力 2MPa 左右，要稳压 2min。二次注浆实为壁裂注浆。二次浆液会冲破一次注浆体，沿锚固体与土的界面向土体挤压壁裂扩散，使锚固体直径加大，径向压力也增大，周围一定范围内土体密度及抗剪强度均有不同程度的增加。因此，二次注浆可显著提高土锚的承载能力。

（4）张拉和锁定。土层锚杆灌浆后，预应力锚杆还需张拉锁定。张拉锁定作业在锚固体及台座的混凝土强度达 15MPa 以上时进行。在正式张拉前，应取设计拉力值的 0.1~0.2 倍预拉一次，使其各部位接触紧密，杆体完全平直。对永久性锚杆，钢拉杆的张拉控制应力不应超过拉杆材料强度标准值的 0.6 倍；对临时性锚杆，不应超过 0.65 倍。钢拉杆张拉至设计拉力的 1.1~1.2 倍，并维持 10min（在砂土中）或者 15min（在勃土中），然后卸载至锁定荷载予以锁定。

在土层锚杆工程中，试验是必不可少的。因为决定土层锚杆承载能力的因素很多，如土层性状、材料性质、施工因素等，而目前的理论还不可能全面考虑这些因素，因此，不可能精确计算土层锚杆的承载力。试验的主要目的是确定锚固体在土体中的抗拔能力，以此验证土层锚杆设计及施工工艺的合理性，或检查土层锚杆的质量。

第三节　浅基础施工

地基是指建筑物荷载作用下基底下方产生的变形不可忽略的那部分地层，而基础则是指将建筑物荷载传递给地基的下部结构。作为支承建筑物荷载的地基，必须能防止强度破坏和失稳；同时，必须控制基础的沉降不超过地基的变形允许值。在满足上述要求的前提下，尽量采用相对埋深不大，只需普通的施工程序就可建造起来的基础类型，即天然地基上的浅基础；地基不能满足上述条件，则应进行地基加固处理，在处理后的地基上建造的基础，称人工地基上的浅基础。当上述地基基础形式均不能满足要求时，则应考虑借助特殊的施工手段相对埋深大的基础形式，即深基础（常用桩基），以求把荷载更多地传到深部的坚实土层中去。

一、浅基础的分类

浅基础按受力特点可分为刚性基础和柔性基础。用抗压强度较大，而抗弯、抗拉强度小的材料建造的基础，如砖、毛石、灰土、混凝土、三合土等基础均属于刚性基础。刚性基础的最大拉应力和剪应力必定在其变截面处，其值受基础台阶的宽高比影响很大。因此，刚性基础台阶的宽高比（称刚性角）是个关键。用钢筋混凝土建造的基础叫柔性基础。它的抗弯、抗拉、抗压能力都很大，适用于地基土处较软弱、上部结构荷载较大的基础。

浅基础按构造形式分为单独基础、带形基础、箱形基础、筏板基础等。单独基础也被称为独立基础，多呈柱墩形，截面可做成阶梯形或锥形等；带形基础是指长度远大于其高度和宽度的基础，常见的是墙下条形基础，材料主要采用砖、毛石、混凝土和钢筋混凝土等。

二、刚性基础施工

（一）砖基础

以砖为砌筑材料，形成的建筑物基础即为砖基础。这种基础的特点是抗压性能好，整体性、抗拉、抗弯、抗剪性能较差，材料易得，施工操作简便，造价较低。砖基础适用于地基坚实、均匀，上部荷载较小，六层和六层以下的一般民用建筑和墙承重的轻型厂房基础工程。

1. 构造要求

砖基础分带形基础和独立基础，基础下部扩大称为大放脚。大放脚有等高式和不等高式。当地基承载力 >150kPa 时，采用等高式大放脚，即两皮一收，两边各收进 1/4 砖长。当地基承载力 < 150kPa 时，通常采用不等高式大放脚，即两皮一收与一皮一收相间隔，两边各收进 1/4 砖长。大放脚的宽度应根据计算而定，各层大放脚的宽度应为半砖长的整数倍。

2.施工要点

基槽（坑）开挖前，在建筑物的主要轴线部位设置龙门板，标明基础、墙身和轴线的位置。在挖土过程中，严禁碰撞或移动龙门板。

砖基础若不在同一深度，则应先由底往上砌筑。在高低台阶接头处，下面台阶要砌一定长度实砌体，砌到上面后和上面的砖一起退台。

砖基础的灰缝厚度为 8~12mm，一般为 10mm。砖基础接槎应留成斜槎，如因条件限制留成直槎时，应按规范要求设置拉结筋。砖基础内宽度超过 300mm 的预留孔洞，应砌筑平拱或设置过梁。

（二）毛石基础

毛石基础是由强度等级不低于 MU30 的毛石和不低于 M5 的砂浆砌筑组成。毛石基础的抗冻性较好，在寒冷潮湿地区可用于 6 层以下建筑物基础。

1.构造要求

毛石基础的断面形式有阶梯形和梯形。基础的顶面宽度比墙厚大 200mm，即每边宽出 100mm，每阶高度一般为 300~400mm。上阶梯的石块应至少压砌下级阶梯石块的 l/2。

2.施工要点

毛石基础可用毛石或毛条石，以铺浆法砌筑。灰缝厚度宜为 20~30mm，砂浆应尽量饱满。

毛石基础宜分劈卧砌，并应上下错缝，内外搭接，不得采用外面侧立石块、中间填心的砌筑方法。每日砌筑高度不宜超过 1.2m。在转角处及交接处应同时砌筑；如不能同时砌筑，应留成斜槎。

施工时，相邻阶梯的毛石应相互搭砌。砌第一层石块时，基底要做浆，石块大面向下，基础的最上层石块宜选用较大的毛石砌筑。基础的第一层及转角、交接处和洞口处选用较大的平毛石砌筑。毛石基础砌筑砂浆的强度等级应符合设计要求。

（三）混凝土和毛石混凝土基础

在浇筑混凝土基础时，应分层进行，并使用插入式振动器捣实。对阶梯形基础，每一阶高内应整分浇筑层。对于锥形基础要逐步地随浇筑随安装其斜面部分的模板，并注意边角处混凝土的密实程度。独立基础应连续浇筑完毕，不能分数次浇筑。

为了节约水泥，在浇筑混凝土时，可投入 25% 左右的毛石，这种基础称为毛石混凝土基础。毛石的最大粒径不超过 150mm，也不超过结构截面最小尺寸的 1/4。毛石投放前应用水冲洗干净并晾干。投放时，应分层、均匀地投放，保证毛石边缘包裹有足够的混凝土并振捣密实。

当基坑（槽）深度超过 2m 时，不能直接倾落混凝土，应用溜槽将混凝土送入基坑。混凝土浇筑完毕，终凝后要加以覆盖和浇水养护。

三、浅埋式钢筋混凝土基础施工

（一）条式基础

条式基础包括柱下钢筋混凝土独立基础和墙下钢筋混凝土条形基础。这种基础的抗弯和抗剪性能良好，可在竖向荷载较大、地基承载力不高以及承受水平力和力矩等荷载情况下使用。因高度不受台阶宽高比的限制，故适宜于需要"宽基浅埋"的场合。

1. 构造要求

（1）锥形基础（条形基础）边缘高度 h 不宜小于 200mm，阶梯形基础的每阶高度 A1 宜为 300~500mm。

（2）垫层厚度一般为 100mm，混凝土强度等级为 C10，基础混凝土强度等级不宜低于 C15。

（3）底板受力钢筋的最小直径不宜小于 8mm，间距不宜大于 200mm。当有垫层时钢筋保护层的厚度不宜小于 35mm，无垫层时不宜小于 70mm。

（4）插筋的数目与直径应与柱内纵向受力钢筋相同。插筋的锚固及柱的纵向受力钢筋的搭接长度，按国家现行《混凝土结构设计规范》的规定执行。

2. 施工要点

（1）基坑（槽）应进行验槽，局部软弱土层应挖去，用灰土或砂砾分层回填夯实至与基底相平。基坑（槽）内浮土、积水、淤泥、垃圾、杂物应清除干净。验槽后地基混凝土应立即浇筑，以免地基土被扰动。

（2）垫层达到一定强度后，在其上弹线、支模。铺放钢筋网片时底部用与混凝土保护层相同厚度的水泥砂浆垫塞，以保证位置正确。

（3）在浇筑混凝土前，应清除模板上的垃圾、泥土和钢筋上的油污等杂物，模板应浇水进行湿润。

（4）基础混凝土宜分层连续浇筑完成。阶梯形基础的每一台阶高度内应分层浇捣，每浇筑完一台阶应稍停 0.5~1.0h，待其初步获得沉实后，再浇筑上层，以防止下台阶混凝土溢出，导致上台阶根部出现烂脖子，台阶表面应基本抹平。

（5）锥形基础的斜面部分模板应随混凝土浇捣分段支设并顶压紧，以防模板上浮变形，边角处的混凝土应注意捣实。严禁斜面部分不支模，用铁锹拍实。

（6）基础上有插筋时，要加以固定，保证插筋位置的正确，防止浇捣混凝土发生移位。

混凝土浇筑完毕，外露表面应覆盖浇水养护。

（二）杯形基础

杯形基础常用作钢筋混凝土预制柱基础，基础上预留凹槽（杯口），然后插入预制柱，临时固定后，即在四周空隙中灌细石混凝土。其形式有一般杯口基础、双杯口基础和高杯口基础等。

1. 构造要求

（1）柱的插入深度应满足锚固长度的要求（一般为 20 倍纵向受力钢筋直径）和吊装时柱的稳定性（不小于吊装时柱长的 0.05 倍）的要求。

（2）基础的杯底厚度和杯壁厚度结合实际需要采用。

（3）当柱为轴心或小偏心受压且 $t/h2 \geqslant 0.65$，或大偏心受压且 $t/h2 \geqslant 0.75$ 时，杯壁可不配筋；当柱为轴心或小偏心受压且 $0.5 \leqslant t \leqslant 0.65$ 时，杯壁可按照需求的构造配筋；当柱为轴心或小偏心受压且 $t/h2 < 0.5$ 时，或大偏心受压且 $t/h2 < 0.75$ 时，按计算配筋。

（4）预制钢筋混凝土柱（包括双肢柱）和高杯口基础的连接与一般杯口基础构造相同。

2. 施工要点

杯形基础除参照板式基础的施工要点外，还应注意以下几点：

（1）混凝土应按台阶分层浇筑对高杯口基础的高台阶部分按整段分层浇筑。

（2）杯口模板可做成二半式的定型模板，中间各加一块楔形板，拆模时，先取出楔形板，然后分别将两半杯口模板取出。为便于周转宜做成工具式的，支模时杯口模板要固定牢固并压浆。

（3）浇筑杯口混凝土时，应注意四侧要对称均匀进行，避免将杯口模板挤向一侧。

（4）施工时应先浇筑杯底混凝土并振实，杯底一般有 50mm 厚的细石混凝土找平层，应仔细留出。待杯底混凝土沉实后，再浇筑杯口四周混凝土。基础浇捣完毕，在混凝土初凝后终凝前将杯口模板取出，并将杯口内侧表面混凝土凿毛。

（5）施工高杯口基础时，可采用后安装杯口模板的方法施工，即当混凝土浇捣接近杯口底时，再安装固定杯口模板，继续浇筑杯口四周混凝土。

（三）筏式基础

筏式基础由钢筋混凝土底板、梁等组成，适用于地基承载力较低而上部结构荷载很大的场合。其外形和构造上像倒置的钢筋混凝土楼盖，整体刚度较大，能有效将各柱子的沉降调整得较为均匀。筏式基础一般可分为梁板式和平板式两类。

1. 构造要求

（1）混凝土强度等级不宜低于 C20，钢筋无特殊要求，钢筋保护层厚度不小于 35mm。

（2）基础平面布置应尽量对称，以减小基础荷载的偏心距。底板厚度不宜小于 200mm，梁截面和板厚按计算确定，梁顶高出底板顶面不小于 300mm，梁宽不小于 250mm。

（3）底板下一般宜设厚度为 100mm 的 C10 混凝土垫层，每边伸出基础底板不小于 100mm。

2. 施工要点

（1）施工前，如地下水位较高，可采用人工降低地下水位至基坑底不小于 500mm，以保证在无水情况下进行基坑开挖和基础施工。

（2）施工时，可先在垫层上绑扎底板、梁的钢筋和柱子锚固插筋，浇筑底板混凝土，待达到 25% 设计强度后，再在底板上支梁模板，继续浇筑完梁部分混凝土；也可底板和梁模板一次同时支好，混凝土一次连续浇筑完成，梁侧模板采用支架支承并固定牢固。

（3）混凝土浇筑时一般不留施工缝，必须留设时，应根据施工缝要求处理，并应设置止水带。

（4）基础浇筑完毕，表面应覆盖和洒水养护，并防止地基被水浸泡。

（四）箱形基础

箱形基础是由钢筋混凝土底板、顶板、外墙以及一定数量的内隔墙构成封闭的箱体，基础中部可在内隔墙开门洞做地下室。该基础具有整体性好、刚度大、调整不均匀沉降能力及抗震能力强、可降低因地基变形使建筑物开裂的可能性、减少基底处原有地基自重应力、降低总沉降量等特点。箱形基础适用于做软弱地基上的面积较小、平面形状简单、上部结构荷载大且分布不均匀的高层建筑物的基础和对沉降有严格要求的设备基础或特种构筑物基础。

1. 构造要求

（1）箱形基础在平面布置上应尽可能对称，以减少荷载的偏心距，防止基础过度倾斜。

（2）混凝土强度等级不应低于 C20，基础高度一般取建筑物高度的 1/8~1/12，不宜小于箱形基础长度的 1/16~1/18，且不小于 3m。

（3）底、顶板的厚度应满足柱或墙冲切验算要求，并根据实际受力情况通过计算确定。底板厚度一般取隔墙间距的 1/8~1/10，一般为 300~1000mm，顶板厚度一般为 200~400mm，内墙厚度不宜小于 200mm，外墙厚度不应小于 250mm。

（4）为保证箱形基础的整体刚度，平均每平方米基础面积上墙体长度应不小于 400mm 或墙体水平截面面积不得小于基础面积的 1/10，其中纵墙配置量不得小于墙体总配置量的 3/5。

2. 施工要点

（1）基坑开挖，如地下水位较高，应采取措施降低地下水位至基坑底以下 500mm 处，并尽量减少对基坑底土的扰动。当采用机械开挖基坑时，在基坑底面以上 200~400mm 厚的土层，应用人工挖除并清理。基坑验槽后，应立即进行基础施工。

（2）施工时，基础底板、内外墙和顶板的支模、钢筋绑扎和混凝土浇筑，可采取分块进行的方式，其施工缝的留设位置和处理应符合钢筋混凝土工程施工及验收规范的有关要求，外墙接缝应设止水带。

（3）基础的底板、内外墙和顶板宜连续浇筑完毕。为防止出现温度收缩裂缝，一般应设置贯通后浇带，带宽不宜小于 800mm，在后浇带处钢筋应贯通，顶板浇筑后，相隔 2~4 周，用比设计强度高一级的细石混凝土将后浇带填灌密实，并加强养护。

（4）基础施工完毕，应立即进行回填土。停止降水时，应验算基础的抗浮稳定性，抗浮稳定系数不宜小于 1.2。如不能满足时，应采取有效措施，如继续抽水直至上部结构荷载加上后能满足抗浮稳定系数要求为止，或在基础内采取灌水或加重物等，防止基础上浮或倾斜。

第四节　桩基础概述

一般建筑物都应该充分利用地基土层的承载能力，而尽量采用浅基础。但若浅层土质不良，无法满足建筑物对地基变形和强度方面的要求时，可以利用下部坚实土层或岩层作为持力层，这就要采取有效的施工方法建造深基础桩。深基础主要有桩基础、墩基础、沉井和地下连续墙等几种类型，其中以桩基础最为常用。

一、桩基础的作用

桩基础一般由设置于土中的桩和承接上部结构的承台组成。桩的作用在于将上部建筑物的荷载传递到深处承载力较大的土层上；或使软弱土层挤压，以提高土壤的承载力和密实度，从而保证建筑物的稳定性和减少地基沉降。

绝大多数桩基础的桩数不止一根，而将各根桩在上端（桩顶）通过承台连成一体。根据承台与地面相对位置的不同，一般有低承台与高承台桩基础之分。前者的承台底面位于地面以下，而后者则高出地面以上。一般来说，采用高承台主要是为了减少水下施工作业和节省基础材料，常用于桥梁和港口工程中。而低承台桩基础承受荷载的条件比高承台好，特别是在水平荷载作用下，承台周围的土体可以发挥一定的作用。在一般房屋和构筑物中，大多使用低承台桩基础。

二、桩基础的分类

1.按承载性质划分

（1）摩擦型桩

摩擦型桩又可分为摩擦桩和端承摩擦桩。摩擦桩是指在极限承载力状态下，桩顶荷载由桩侧阻力承受的桩；端承摩擦桩是指在极限承载力状态下，桩顶荷载主要由桩侧阻力承受的桩。

（2）端承型桩

端承型桩又可分为端承桩和摩擦端承桩。端承桩是指在极限承载力状态下，桩顶荷载由桩端阻力承受的桩；摩擦端承桩是指在极限承载力状态下，桩顶荷载主要由桩端阻力承受的桩。

2. 按承台位置高低的不同划分

（1）高承台桩基础

承台底面高于地面，它的受力和变形不同于低承台桩基础。其一般应用在桥梁、码头工程中。

（2）低承台桩基础

承台底面低于地面，一般用于房屋建筑工程中。

3. 按桩的使用功能划分

竖向抗压桩、竖向抗拔桩、水平受荷载桩、复合受荷载桩。

4. 按桩身材料划分

混凝土桩、钢桩、组合材料桩。

5. 按成桩方法划分

非挤土林（如干作业法桩、泥浆护壁法桩、套筒护壁法桩）、部分挤土桩（如部分挤土灌注桩、预钻孔打入式预制桩等）、挤土桩（如挤土灌注桩、挤土预制桩等）。

6. 按桩制作工艺划分

预制桩和现场灌注桩，现在使用较多的是现场灌注桩。

第五节　钢筋混凝土预制桩的施工

一、桩的种类

1. 钢筋混凝土实心桩

钢筋混凝土实心桩，断面一般呈方形。桩身截面一般沿桩长不变。实心方桩截面尺寸一般为 200mm×200mm~600mm×600mm。

钢筋混凝土实心桩的优点是长度和截面可在一定范围内根据需要选择，由于在地面上预制，制作质量容易保证，承载能力高，耐久性好。因此，工程上应用较广。

钢筋混凝土实心桩由桩基、桩身和桩头组成。钢筋混凝土实心桩所用混凝土的强度等级不宜低于 C30。采用静压法沉桩时，可适当降低，但不宜低于 C20，预应力混凝土桩的混凝土的强度等级不宜低于 C40。

2. 钢筋混凝土管桩

混凝土管桩一般在预制厂用离心法生产。桩径有 φ300、φ400、φ500 等，每节长度 8m、10m、12m 不等。接桩时，接头数量不宜超过 4 个。混凝土管桩各节段之间可以用角钢焊接或法兰螺栓连接。由于用离心法成型，混凝土中多余的水分由于离心力而甩出，故混凝土致密、强度高，抵抗地下水和其他腐蚀的性能好。混凝土管桩达到设计强度 100% 后，方可运到现场打桩。堆放层数不超过 4 层，底层管桩边缘应用楔形木块塞紧，以防滚动。

二、桩的制作、运输和堆放

1. 桩的制作

较短的桩一般在预制厂制作，较长的桩一般在施工现场附近露天预制。预制场地的地面要平整、夯实，并防止浸水沉陷。预制桩叠浇预制时，桩与桩之间要做隔离层，以保证起吊时不互相粘结。叠浇层数应由地面允许荷载和施工要求而定，一般不超过 4 层，上层桩必须在下层桩的混凝土达到设计强度等级的 30% 以后，方可进行浇筑。

钢筋混凝土预制桩的钢筋骨架的主筋连接宜采用对焊。主筋接头配置在同一截面内的数量，当采用闪光对焊和电弧焊时，不得超过 50%；同一根钢筋两个接头的距离应大于 30d 且不小于 500mm。预制桩的混凝土浇筑工作应由桩顶向桩基连续浇筑，严禁中断，制作完成后，应洒水养护不少于 7d。

制作完成的预制桩应在每根桩上标明编号及制作日期，如设计不埋设吊环，则应标明绑扎点位置。

预制桩的几何尺寸允许偏差为：横截面边长 ±5mm，桩顶对角线之差 10mm，混凝土保护层厚度 ±5mm，桩身弯曲矢高不大于 0.1% 桩长，桩尖中心线 10mm，桩顶面平整度小于 2mm。预制桩制作质量还应符合下列规定：

（1）桩的表面应平整、密实，掉角深度小于 10mm，且局部蜂窝和掉角的缺损总面积不得超过该桩表面全部面积的 0.5%，同时不得过分集中。

（2）由于混凝土收缩产生的裂缝，深度小于 20mm，宽度小于 0.25mm；横向裂缝长度不得超过边长的一半。

2. 桩的运输

钢筋混凝土预制桩应在混凝土达到设计强度等级的 70% 后方可起吊，达到设计强度等级的 100% 后才能运输和打桩。如提前吊运，必须采取措施并经过验算合格后才能进行。

桩在起吊搬运时，必须做到平稳，避免出现冲击和振动，吊点应同时受力，且吊点位置应符合设计规定。如无吊环，设计又未做规定时，绑扎点的数量及位置按桩长来定，应符合起吊弯矩最小的原则。长 20~30m 的桩，一般采用 3 个吊点。

3. 桩的堆放

桩堆放时，地面必须平整、坚实，垫木间距应根据吊点确定，各层垫木应位于同一垂直线上，最下层垫木应适当加宽，堆放层数不宜超过 4 层，不同规格的桩应分类堆放。

三、打入法施工

预制桩的打入法施工，就是利用锤击的方法把桩打入地下。这是预制桩最常用的沉桩方法。

1.打桩机具及选择

打桩机具主要有打桩机及辅助设备，打桩机主要包括桩锤、桩架和动力装置三部分。

（1）桩锤

常见桩锤类型有落锤、单动汽锤、双动汽锤、柴油锤、液压锤等。

①落锤：一般由生铁铸成，利用卷扬机提升，以脱钩装置或松开卷扬机刹车使其坠落到桩头上，逐渐将桩打入土中。落锤重力为5~20kN，构造简单，使用方便，故障少。落锤适用于普通黏性土和含砾石较多的土层中打桩，但打桩速度较慢，效率低。

②单动汽锤：单动汽锤的冲击部分为汽缸，活塞是固定于桩顶上的，动力为蒸汽，单动汽锤具有落距小、冲击力大的优点，适用于打各种桩；但存在蒸汽没有被充分利用、软管磨损较快、软管与汽阀连接处易脱开等缺点。

③双动汽锤：双动汽锤冲击部分力活塞，动力是蒸汽。具有活塞冲程短、冲击力大、打桩速度快、工作效率高等优点。适用于打各种桩，并可以用于拔桩和水下打桩。

④柴油锤：柴油锤是以柴油为燃料，利用柴油点燃爆炸时膨胀产生的压力将锤抬起，然后自由落下冲击桩顶，同时汽缸中空气压缩，温度骤增，喷嘴喷油，柴油在汽缸内自行燃烧爆发，使汽缸上抛，落下时又击桩进入下一循环。如此反复循环，把桩打入土中。

（2）桩架

桩架一般由底盘、导向杆、起吊设备、撑杆等组成。

①作用：支持桩身和桩锤，将桩吊到打桩位置，并在打入过程中引导桩的方向，保证桩锤沿着所要求的方向冲击。

②桩架的选择：选择桩架时，应考虑桩锤的类型、桩的长度和施工条件等因素。桩架的高度由桩的长度、桩锤高度、桩帽厚度及所用滑轮组的高度来确定。此外，还应留 1~3m 的高度作为挑锤的伸缩余地，故桩架的高度 = 桩长 + 桩锤高度 + 滑轮组高 + 起锤移位高度 + 安全工作间隙。

③桩架用钢材制作，按移动方式分为轮胎式、履带式、轨道式等。

（3）动力装置

动力设备包括驱动桩锤用的动力设施，如卷扬机、锅炉、空气压缩机和管道、绳索和滑轮等。

2. 打桩前的准备工作

（1）处理障碍物

打桩前，应认真处理高空、地上和地下障碍物，如地下管线、旧基础、树木杂草等。此外，打桩前应对现场周围的建筑物做全面检查，如有危房或危险构筑物，必须预先加固，不然由于打桩振动，可能造成倒塌。

（2）平整场地

在建筑物基线以外 4~6m 内的整个区域或桩机进出场地及移动路线，应做适当平整压实，并做适当放坡，保证场地排水良好。否则由于地面高低不平，不仅使桩机移动困难，降低沉机生产率，而且难以保证就位后的桩机稳定和入土的桩身垂直，以致影响沉桩质量。

（3）材料、机具、水电准备

桩机进场后，按施工顺序铺设轨道，选定位置架设桩机和设备，接通水电源，进行试机，并移机至桩位，力求桩架平稳垂直。

（4）进行打桩试验

进行打桩试验又叫沉桩试验。沉桩前应进行数量不少于两根桩的打桩工艺试验，用以了解桩的贯入度、持力层强度、桩的承载力，以及施工过程中遇到的各种问题和反常情况等。

（5）确定打桩顺序

打桩时，由于桩对土体的挤密作用，先打入的桩被后打入的桩水平挤推而造成偏移和变位或被垂直挤拔造成浮桩，而后打入的桩难以达到设计高程或入土深度，导致土体隆起和挤压，截桩过大。所以，群桩施工时，为了保证质量和进度，防止周围建筑物遭到破坏，打桩前应根据桩的密集程度、规格、长短以及桩架移动是否方便等因素来选择正确的打桩顺序。

常用的打桩顺序一般有自两侧向中间打设、逐排打设、自中间向四周打设、自中间向两侧打设。当桩的中心距不大于4倍桩的直径或边长时，应由中间向两侧对称施打或由中间向四周施打。当桩的中心距大于4倍桩的边长或直径时，可采用上述两种打法，或逐排单向打设。

（6）抄平放线，定位桩

3. 打桩

打桩开始时，应先采用小的落距（0.5~0.8m）进行轻的锤击，使桩正常沉入土中1~2m后，经检查桩尖不发生偏移，再逐渐增大落距至规定高度，继续锤击，直至把桩打到设计要求的深度。

桩的施打原则是重锤低击，这样桩锤对桩头的冲击小，回弹也小，桩头不易损坏，大部分能量都用于克服桩身与土的摩阻力和桩尖阻力上，桩能较快地沉入土中。

四、静力压桩施工

打桩机打桩施工噪声大，特别是在城市人口密集地区打桩，影响居民休息，为了减少噪声，可采用静力压桩。静力压桩是在软弱土层中，利用静压力将预制桩逐节压入土中的一种沉桩法。这种方法节约钢筋和混凝土，降低工程造价，而且施工时无噪声、无振动、无污染，对周围环境的干扰小，适用于软土地区、城市中心或建筑物密集处的桩基础工程，以及精密工厂的扩建工程。

1.压桩机械设备

压桩机有两种类型：一种是机械静力压桩机。它由压桩架（桩架与底盘）、传动设备（卷扬机、滑轮组、钢丝绳）、平衡设备（铁块）、量测装置（测力计、油压表）及辅助设备（起重设备、送桩）等组成。另一种是液压静力压桩机。它由液压吊装机构、液压夹持、压桩机构（千斤顶）、行走及回转机构、液压及配电系统、配重铁等部分组成，该类型机具有体积小、使用方便等优点。

2.压桩工艺方法

（1）施工程序

静力压桩的施工程序为：测量定位—桩机就位—吊桩插桩—桩身对中调直—静压沉桩—接桩—再静压沉桩—终止压桩—切割桩头。

（2）压桩方法

用起重机将预制桩吊运或用汽车运至桩机附近，再利用桩机自身设置的起重机将其吊入夹持器中，夹持油缸将桩从侧面夹紧，压桩油缸做伸长动作，把桩压入土层中。伸长完后，夹持油缸回程松夹，压桩油缸回程，重复上述动作可实现连续压桩操作，直至把桩压入预定深度土层中。

（3）桩拼接的方法

钢筋混凝土预制长桩在起吊、运输时受力极为不利，因而一般先将长桩分段预制，再在沉桩过程中接长。常用的接头连接方法有以下两种：

①浆锚接头。它是用硫黄水泥或环氧树脂配制成的粘结剂，把上段桩的预留插筋粘结于下段桩的预留孔内。

②焊接接头。在每段桩的端部预埋角钢或钢板，施工时与上下段桩身相接触，用扁钢贴焊连成整体。

（4）压桩施工要点

①压桩应连续进行，因故停歇时间不宜过长，否则压桩力将大幅度增长导致桩压不下去或桩机被抬起。

②压桩的终压控制很重要。一般对纯摩擦桩，终压时以设计桩长为控制条件；对长度大于21m的端承摩擦型静压桩，应以设计桩长控制为主，终压力值做对照；对一些设计承载力较高的桩基，终压力值宜尽量接近压桩机满载值；对长14~21m的静压桩，应以终压力达满载值为终压控制条件；对桩周土质较差且设计承载力较高的，宜复压1~2次为佳，对长度小于14m的桩，宜连续多次复压，特别对长度小于8m的短桩，连续复压的次数应适当增加。

③静力压桩单桩竖向承载力，可通过桩的终止压力值大致判断。如判断的终止压力值不能满足设计要求，应立即采取送桩加深处理或补桩，以保证桩基的施工质量。

五、振动沉桩施工

振动沉桩是利用固定在桩顶部的振动器所产生的激振力，通过桩身使土颗粒受迫振动，使其改变排列组织，产生收缩和位移，这样桩表面与土层间的摩擦力就会减少，桩在自重和振动力共同作用下沉入土中。

振动沉桩设备简单，不需要其他辅助设备，质量轻、体积小、搬运方便、费用低、工效高，适用于往黏土、松散砂土及黄土和软土中沉桩，更适用于打钢板桩，同时借助起重设备可以拔桩。

六、打桩中常见问题的分析和处理

打桩施工常会发生打坏、打歪、打不下等问题。发生这些问题的原因是复杂的，有工艺和操作上的原因，有桩的制作质量上的原因，也有土层变化复杂等原因。因此，发生这些问题时，必须具体问题具体分析、具体处理，必要时，应与设计单位共同研究解决。

1. 桩顶、桩身被打坏

这个现象一般是桩顶周围和四角打坏，或者顶面被打碎。有时甚至将桩头钢筋网部分的混凝土全部打碎，几层钢筋网都露在外面，有的是桩身混凝土崩裂脱落，甚至桩身断折。发生这些问题的原因及处理方法如下：

（1）打桩时，桩的顶部由于直接受到冲击而产生很大的局部应力。因此，桩顶的配筋应做特别处理。

（2）桩身混凝土保护层太厚，直接受冲击的是素混凝土，因此容易剥落。主筋放得不正是引起保护层过厚的原因，应尽量避免。

（3）桩的顶面与桩的轴线不垂直，则桩处于偏心受冲击状态，局部应力增大，极易损坏。

（4）桩下沉速度慢而施打时间长、锤击次数多或冲击能量过大称为过打。遇到过打，应分析地质资料，判断土层情况，改善操作方法，采取有效措施解决。

（5）桩身混凝土强度不高。

2. 打歪

桩顶不平、桩身混凝土凸底、桩尖偏心、接桩不正或土中有障碍物，都容易使桩打歪。另外，桩被打歪往往与操作有直接关系，如桩初入土时，桩身就有歪斜，但未纠正即予施打，就很容易把桩打歪。

3. 打不下

在城市中打桩，如初入土1~2m就打不下去，贯入度突然变小，桩锤严重回弹，则可能遇上旧的灰土或混凝土基础等障碍物，必要时应彻底清除或钻透后再打，或者将桩拔出，适当移位后再打。如桩已打入土中很深，突然打不下去，这可能存在以下几种情况：

桩顶或桩身已打坏，土层中央有较厚的砂层或其他硬土层，遇上钢渣、孤石等障碍。

4.一桩打下，邻桩上升

这种现象多在软土中发生，即桩贯入土中时，由于土身周围的土体受到急剧的挤压和扰动，被挤压和扰动的土靠近地面的部分，将在地表隆起和水平移动。若布桩较密，打桩顺序又欠合理时，一桩打下，将影响邻桩上升，或将邻桩拉断，或引起周围土坡开裂、建筑物出现裂缝。

七、打桩质量要求与验收

打桩质量评定包括两个方面：一是能否满足设计规定的贯入度或高程的要求；二是桩打入后的偏差是否在施工规范允许的范围内。

1.贯入度或高程必须符合设计要求

桩端达到坚硬、硬塑的黏性土、碎石土，以及中密以上的粉土和砂土或风化岩等土层时，应以贯入度控制为主，桩端进入持力层深度或桩尖高程做参考；若贯入度已达到而桩端标高未达到时，应继续锤击3阵，其每阵10击的平均贯入度不应大于规定的数值；桩端位于其他软土层时，以桩端设计高程控制为主，贯入度做参考。这里的贯入度是指最后贯入度，即施工中最后10击内桩的平均入土深度。它是打桩质量标准的重要控制指标。

2.平面位置或垂直度必须符合施工规范要求

桩打入后，桩位的允许偏差应符合《建筑地基基础工程施工质量验收规范》（GB50202—2002）的规定。

3.验收

基桩工程验收时应提交下列资料：

（1）工程地质勘察报告、桩基施工图、图纸会审纪要、设计变更单及材料代用通知单等。

（2）经审定的施工组织设计、施工方案及执行中的变更情况。

（3）桩位测量放线图，包括工程桩位线复核签证单。

（4）成桩质量检查报告。

（5）单桩承载力检测报告。

（6）基坑挖至设计高程的基桩竣工平面图及桩顶高程图。

八、打桩施工时对邻近建筑物的影响及预防措施

打桩对周围环境的影响，除振动、噪声外，还有土体的变形、位移和形成超静孔隙水压力，这使土体后来所处的平衡状态破坏，对周围原有的建筑物和地下设施带来不良影响。轻则使建筑物的粉刷脱落，墙体和地坪开裂，重则使圈梁和过梁变形，门窗启闭困难。它还会使邻近的地下管线破损和断裂，甚至中断使用，还能使邻近的路基变形，影响交通安全等；如附近有生产车间和大型设备基础，它也可能使车间跨度发生变化、基础被推移，影响正常的生产。

总结多年来的施工经验，减少或预防沉桩对周围环境的有害影响，可采用钻孔打桩工艺、合理安排沉桩顺序、控制沉桩速率、挖防震沟等方法达到降低不良影响的目的。

第六节　混凝土灌注桩的施工

混凝土灌注桩是直接在施工现场的机位工成孔，然后在孔内浇筑混凝土成桩。钢筋混凝土灌注机还需在桩孔内安放钢筋笼后再浇筑混凝土成桩。

与预制桩相比较，灌注桩可节约钢材、木材和水泥，且施工工艺简单，成本较低。能适应持力层的起伏变化制成不同长度的桩，可按工程需要制作成大口径桩施工时无须分节制作和接桩，减少大幅的运输和起吊工作量。施工时无振动、噪声小，对环境干扰较小。但其操作要求较严格，施工后需一定的养护期，不能立即承受荷载。

灌注桩按成孔方法分为钻孔灌注桩、沉管灌注桩、人工挖孔灌注桩、爆扩成孔灌注桩等。

一、钻孔灌注桩

钻孔灌注桩是指利用钻孔机械钻出桩孔，并在孔中浇筑混凝土（或先在孔中吊放钢筋笼）而成的桩，根据钻孔机械的钻头是否在土壤的含水层中施工，又分为泥浆护壁成孔和干作业成孔两种施工方法。

（一）泥浆护壁成孔灌注桩

泥浆护壁成孔是利用泥浆保护稳定孔壁的机械钻孔方法。它通过循环泥浆将切削碎的泥石渣从悬浮后排出孔外，泥浆护壁钻孔灌注桩适用于地下水位以下的黏性土、粉土、砂土、填土、碎（砾）石土及风化岩层，以及地质情况复杂、夹层多、风化不均、软硬变化较大的岩层。冲孔灌注桩除适应上述地质情况外，还能穿透旧基础、大孤石等障碍物，但在岩溶发育地区应慎用。

泥浆护壁成孔灌注桩施工工艺流程：

1. 测定桩位

平整清理好施工场地后，设置桩基轴线定位点和水准点，根据桩位平面布置施工图，定出每根桩的位置，并做好标志。施工前，桩位要检查复核，以防受外界因素影响而造成偏移。

2. 埋设护筒

护筒的作用是：固定桩孔位置，防止地面水流入，保护孔口，增高桩孔内水压力，防止塌孔，成孔时引导钻头方向。护筒用 4~8mm 厚钢板制成，内径比钻头外径大 100~200mm，顶面高出地面 0.4~0.6m，上部开 1~2 个溢浆孔。埋设护筒时，先挖去桩孔处表土，将护筒埋入土中，其埋设深度，在黏土中不宜小于 1m，在砂土中不宜小于 1.5m。其高度要满足孔内泥浆液面高度的要求，孔内泥浆面应保持高出地下水位 1m 以上。采用挖坑埋设时，坑的直径应比护筒外径大，护筒中心与桩位中心线偏差不应大于 50mm，对位后应在护筒外侧填入黏土并分层夯实。

3. 泥浆制备

泥浆的作用是护壁、携砂排土、切土润滑、冷却钻头等，其中以护壁为主。泥浆制备方法应根据土质条件确定：在黏土和粉质黏土中成孔时，可注入清水，以原土造浆。在其他土层中成孔，泥浆可选用高塑性的黏土制备。施工中应经常测定泥浆密度，并定期测定黏度、含砂率和胶体率。为了提高泥浆质量可加入外掺料，如增重剂、增黏剂、分散剂等。

4. 成孔

（1）潜水钻机成孔

潜水钻机是一种旋转式钻孔机，其防水电机变速机构和钻头密封在一起，由桩架及钻杆定位后可潜入水、泥浆中钻孔。注入泥浆后通过正循环或反循环排渣法，将孔内切削土粒、石渣排至孔外。目前使用的潜水钻，钻孔直径400~800mm，最大钻孔深度50m。潜水钻机既可用于水下钻孔，也可用于地下水位较低的干土层中钻孔。

潜水钻机成孔排渣有正循环排渣法和泵举反循环排渣法两种方法。

①正循环排渣法：在钻孔过程中，旋转的钻头将碎泥渣切削成浆状后，利用泥浆泵压送高压泥浆，经钻机中心管、分叉管送入钻头底部强力喷出，与切削成浆状的碎泥渣混合，携带泥土沿孔壁向上运动，从护筒的溢流孔排出。

②泵举反循环排渣法：砂石泵随主机一起潜入孔内，直接将切削碎泥渣随泥浆抽排出孔外。

（2）冲击钻成孔

冲击钻机通过机架、卷扬机把带刃的重钻头（冲击锤）提到一定高度，靠自由下落的冲击力切削破碎岩层或冲击土层成孔。冲孔前应埋设钢护筒，并准备好护壁材料。

（3）冲抓锥成孔

冲抓锥锥头上有一重铁块和活动抓片，通过机架和卷扬机将冲抓锥提升到一定高度，下落时松开卷筒刹车，抓片张开，卷头便自由下落冲入土筒，然后开动卷扬机提升锥头，这时抓片闭合抓土。冲抓锥整体提升至地面上卸去土渣，依次循环成孔。该法成孔直径为450~600mm，成孔深度10m左右，适用于松软土层（砂土、黏土）中冲孔，但遇到坚硬土层时宜换用冲击钻施工。

（4）回转钻成孔

回转钻成孔是我国灌注桩施工中最常用的方法之一。按排渣方式不同也分为正循环回转钻成孔和反循环回转钻成孔两种。

①正循环回转钻成孔中钻机回转装置带动钻杆和钻头固转切削破碎岩土，由泥浆泵往钻杆输进泥浆，泥浆沿孔壁上升，从孔口溢浆孔溢出流入泥浆池，经沉淀处理返回循环池。循环成孔泥浆的上返速度低，携带土粒田径小，排渣能力差，岩上重复破碎现象严重，适用于填土、淤泥、黏土、粉土、砂土等地层，卵砾石含量不到15%、粒径小于10mm的部分砂卵砾石层和软质基岩及较硬基岩也可使用。

②反循环回转钻成孔是由钻机回转装置，带动钻杆和钻头回转切削破碎岩土，利用泵吸、气举、喷射等措施抽吸循环护壁泥浆，挟带钻渣从钻杆内腔抽吸出孔外的成孔方法。

5. 清孔

当钻孔达到设计要求深度并经检查合格后，应立即进行清孔，目的是清除孔底沉渣以减少桩基的沉降量，提高承载能力，确保桩基质量。清孔方法有真空吸泥渣法、射水抽渣法、换浆法和掏渣法。

对以原土造浆的钻孔，可使钻机空转不进尺，同时注入清水，等孔底残余的泥块已磨浆，排出泥浆比重降至1.1左右（以手触泥浆无颗粒感觉），即可认为清孔已合格。对注入制备泥浆的钻孔，可采用换浆法清孔，直至换出泥浆比重小于1.15~1.25为合格。

6. 吊放钢筋笼

清孔后应立即安放钢筋笼、浇混凝土。钢筋笼一般都在工地上制作，制作时要求主筋环向均匀布置，箍筋直径及间距、主筋保护层、加劲箍的间距等均应符合设计要求。分段制作的钢筋笼，其接头采用焊接且应符合施工及验收规范的规定。吊放钢筋笼时应保持垂直缓慢放入，防止碰撞孔壁。若造成塌孔或安放钢筋笼时间太长，应进行二次清孔后再浇筑混凝土。

7. 水下混凝土浇筑

泥浆护壁成孔灌注桩的水下混凝土浇筑常用导管法，混凝土强度等级不低于C20，坍落度为 18~22cm，导管一般用无缝钢管制作，直径为 200~300mm，每节长度为 2~3m，最下一节为脚管，长度不小于 4m，各节管使用法兰盘和螺栓连接。

（二）干作业成孔灌注桩

干作业成孔灌注桩适用于地下水位以上的干土层中桩基的成孔施工。施工设备主要有螺旋钻机、钻孔扩机、机动或人工洛阳铲等。但在施工中，一般采用螺旋钻成孔。螺旋钻头外径分别为 φ400mm、φ500mm、φ600mm，钻孔深度相应为 12m、10m、8m。

干作业成孔灌注桩施工流程一般为：场地清理—测量放线定桩位—桩机就位—钻孔取土成孔—清除孔底沉渣—成孔质量检查验收—吊放钢筋笼—浇筑孔内混凝土。为了确保成桩质量，施工过程中应注意以下几点：

（1）钻机钻孔前，应做好现场准备工作。钻孔场地必须平整、碾压或夯实，雨季施工时需要加白灰碾压以保证钻孔行车安全。

（2）钻机按桩位就位时，钻杆要垂直对准桩位中心，放下钻机使钻头触及土面。钻孔时，开动转轴旋动钻杆钻进，先慢后快，避免钻杆摇晃，并随时检查钻孔偏移，有问题应及时纠正。施工中应注意钻头在穿过软硬土层交界处时，保持钻杆垂直，缓慢进尺。在含砖头、瓦块的杂填土或含水量较大的软塑黏性土层中钻进时，应尽量减小钻杆晃动，以免扩大孔径及增加孔底虚土。当出现钻杆跳动、机架摇晃、钻不进等异常现象时应立即停钻检查。钻进过程中应随时清理孔口积土，遇到地下水、缩孔、坍孔等异常现象，应会同有关单位研究处理。

（3）钻孔至要求深度后，可用钻机在原处空转清土，然后停止回转，提升钻杆卸土。如孔底虚土超过容许厚度，可用辅助掏土工具或二次投钻清底。清孔完毕后用盖板盖好孔口。

（4）桩孔钻成并清孔后，先吊放钢筋笼，后浇筑混凝土。为防止孔壁坍塌，避免雨水冲刷，成孔经检查合格后，应及时浇筑混凝土。即使土层较好，没有雨水冲刷，从成孔至混凝土浇筑的时间间隔也不得超过24h。灌注桩的混凝土强度等级不得低于C15，坍落度一般采用80~100mm；混凝土应连续浇筑，分层捣实，每层的高度不得大于1.5m；当混凝土浇筑到桩顶时，应适当超过桩顶标高，以保证在凿除浮浆层后，桩顶标高和质量能符合设计要求。

（三）常见工程质量事故及处理方法

泥浆护壁成孔灌注桩施工时常易发生孔壁的坍塌、斜孔、孔底隔层、夹泥、流砂等工程问题。水下混凝土浇筑属隐蔽工程，一旦发生质量事故难以观察和补救，所以应严格遵守操作规程，在有经验的工程技术人员指导下认真施工，并做好隐蔽工程记录，以确保工程质量。

1.孔壁坍塌

孔壁坍塌指成孔过程中孔壁土层不同程度坍落。主要原因是提升下落冲击锤、掏渣筒或钢筋骨架时碰撞护筒及孔壁；护筒周围未用黏土紧密填实，孔内泥浆液面下降，孔内水压降低等造成塌孔。塌孔处理方法如下：一是在孔壁坍塌段投入石子、黏土，重新开钻，并调整泥浆容重和液面高度；二是使用冲孔机时，填入混合料后低密锤击，使孔壁坚固后，再正常冲击。

2.偏孔

偏孔指成孔过程中出现孔位偏移或孔身倾斜。偏孔的主要原因是桩架不稳固，导杆不垂直或土层软硬不均。对于冲孔成孔，则可能是由于导向不严格或遇到探头石及基岩倾斜所引起的。处理方法：将桩架重新安装牢固，使其平稳垂直；如孔的偏移过大，应填入石子、黏土，重新成孔；如有探头石，可用取岩钻将其除去或低锤密击将石击碎；如遇基岩倾斜，可以投入毛石于低处，再开钻或密打。

3. 孔底隔层

孔底隔层指孔底残留石渣过厚，孔脚涌进泥沙或塌壁泥土落地。造成孔底隔层的主要原因是清孔不彻底，清孔后泥浆浓度减少或浇筑混凝土、安放钢筋骨架时碰撞孔壁造成塌孔落土。主要预防方法：做好清孔工作，注意泥浆浓度及孔内水位变化，施工时注意保护孔壁。

4. 夹泥或软弱夹层

夹泥或软弱夹层指桩身混凝土混进泥土或形成浮浆泡沫软弱夹层。其形成的主要原因是浇筑混凝土时孔壁坍塌或导管口埋入混凝土高度太小，泥浆被喷翻，掺入混凝土中。防治措施：经常注意混凝土表面高程变化，保持导管下口埋入混凝土表面高程变化，保持导管下口埋入混凝土下的高度，并应在钢筋笼下放孔内4h 内浇筑混凝土。

5. 流砂

这是指成孔时发现大量流砂涌塞孔底。流砂产生的原因是孔外水压力比孔内水压力大，孔壁土松散。流砂严重时可抛入碎砖石、黏土，用锤冲入流砂层，防止流砂涌入。

二、沉管灌注桩

沉管灌注桩是指利用锤击打桩法或振动打桩法，将带有活流式桩靴或预制钢筋混凝土桩尖的钢管沉入土中，然后边浇筑混凝土（或先在管内放入钢筋笼）边锤击或振动拔管而成。前者称为锤击沉管灌注桩，后者称为振动沉管灌注桩。

（一）锤击沉管灌注桩

锤击沉管灌注桩是采用落锤、蒸汽锤或柴油锤将钢套管沉入土中成孔，然后灌注混凝土或钢筋混凝土，抽出钢管而成。

锤击沉管灌注桩的施工方法如下：

施工时，先将桩机就位，吊起桩管，垂直套入预先埋好的预制混凝土桩基，压入土中。桩管与桩尖接触处应垫以稻草绳或麻绳垫圈，以防地下水渗入管内。当检查机管与桩锤、桩架等在同一垂直线上（偏差近5%）即可在桩管上扣上桩帽，起锤沉管。先用低锤轻击，观察需无偏移后方可进入正常施工，直至符合设计要求深度，并检查管内有无泥浆或水进入，即可灌注混凝土。桩管内混凝土应尽量灌满，然后开始拔管。拔管要均匀，第一次拔管高度应控制在能容纳第二次所需灌入的混凝土量为限，不宜拔管过高。拔管时应保持连续密锤低击不停，并控制拔出速度，对一般土层，以不大于 1m/min 为宜；在软弱土层及软硬土层交界处，应控制在 0.8m/min 以内。桩锤冲击频率，视锤的类型而定：单动汽锤采用倒打拔管，频率不低于 70 次 /min，自由落锤轻击不得少于 50 次 /min。在管底未拔到桩顶设计标高之前，倒打或轻击不得中断。拔管时应注意使管内的混凝土量保持略高于地面，直到桩管全部拔出地面为止。

上面所述的这种施工工艺称为单打灌注桩的施工。为了提高桩的质量和承载能力，常采用复打扩大灌注桩。其施工方法是在第一次单打法施工完毕并拔出桩管后，清除桩管外壁上和桩孔周围地面上的污泥，立即在原桩位上再次安放桩尖，再进行第二次沉管，使未凝固的混凝土向四周挤压扩大桩径，然后灌注第二次混凝土，拔管方法与第一次相同。复打施工时要注意前后两次沉管的轴线应重合，复打必须在第一次灌注的混凝土初凝之前进行。

（二）振动沉管灌注桩

振动沉管灌注桩是采用激振器或振动冲击锤将钢套管沉入土中成孔而成的灌注桩，沉管原理与振动沉桩完全相同。

振动沉管灌注桩的施工方法如下：

施工时，先安装好桩机，将桩管下端活瓣合起来，对准桩位，徐徐放下桩管，压入土中，勿使偏斜，即可开动激振器沉管。当桩管下沉到设计要求的深度后便停止振动，即利用吊斗向管内灌满混凝土，并再次开动激振器，边振动边拔管，同时在拔管过程中继续向管内浇筑混凝土。

如此反复进行，直至桩管全部拔出地面后即形成混凝土桩身。

振动灌注桩可采用单振法、反插法或复振法施工。

1. 单振法

在沉入土中的桩管内灌满混凝土，开动激振器 5~10s，开始拔管，边振边拔。每拔 0.5~1.0m，停拔振动 5~10s。如此反复，直到桩管全部拔出。在一般土层内拔管速度宜为 1.2~1.5m/min，在较软弱土层中不得大于 0.8~1.0m/min。单振法施工速度快，混凝土用量少，但桩的承载力低，适用于含水量较少的土层。

2. 反插法

在桩管内灌满混凝土后，先振动再开始拔管。每次拔管高度 0.5~1.0m，向下反插深度 0.3~0.5m。如此反复进行并始终保持振动，直至桩管全部拔出地面。反插法能扩大桩的截面，从而提高桩的承载力，但混凝土耗用量较大，一般适用于饱和软土层。

3. 复振法

施工方法及要求与锤击沉管灌注桩的复打法相同。

（三）施工中常见问题及处理

1. 断桩

断桩一般都发生在地面以下软硬土层的结合处，并多发生在黏性土中，砂土及松土中则很少出现。产生断桩的主要原因是：桩距过小，受邻桩施打时挤压的影响，桩身混凝土终凝不久就受到振动和外力，以及软硬土层间传递水平力大小不同、对桩产生剪应力等。处理方法是经检查有断桩后，应将断桩段拔去，待略增大桩的截面面积或加箍筋后，再重新浇筑混凝土；或者在施工过程中采取预防措施，如施工中控制桩中心距不小于 3.5 倍桩径，采用跳打法或控制时间间隔的方法，使邻桩混凝土达设计强度等级的 50% 后，再施打中间桩等。

2. 瓶颈桩

瓶颈桩是指桩的某处直径缩小形似"瓶颈"，其截面面积不符合设计要求。多数发生在毒性土、土质软弱、含水率高，特别是饱和的淤泥或淤泥质软土层中。

产生瓶颈桩的主要原因：在含水率较大的软弱土层中沉管时，土受挤压便产生很高的孔隙水压，拔管后便挤向新灌的混凝土，造成缩颈。拔管速度过快，混凝土量少、和易性差，混凝土出管扩散性差也容易造成缩颈现象。处理方法：施工中应保持管内混凝土略高于地面，使之有足够的扩散压力，拔管时采用复打或反插法，并严格控制拔管速度。

3. 吊脚桩

吊脚桩是指桩的底部混凝土隔空或混进泥沙而形成松散层部分的桩。其产生的主要原因是：预制钢筋混凝土桩尖承载力或钢活瓣桩尖刚度不够，沉管时被破坏或变形，因而水或泥沙进入桩管；拔管时桩靴未脱出或活瓣未张开，混凝土未及时从管内流出等。处理方法：应拔出桩管，填砂后重打；或者可采取密振动慢拔，开始拔管时先反插几次再正常拔管等预防措施。

4. 桩尖进水进泥

桩尖进水进泥常发生在地下水位高或含水量大的淤泥和粉泥土土层中。产生的主要原因：钢筋混凝土桩尖与桩管接合处或钢活瓣桩尖闭合不紧密；钢筋混凝土桩尖被打破或钢活滞桩尖变形等。处理方法：将桩管拔出，清除管内泥砂，修整桩尖钢活瓣变形缝隙，用黄砂回填桩孔后再重打；若地下水位较高，待沉管至地下水位时，先在桩管内灌入 0.5m 厚度的水泥砂浆做封底，再灌 1m 高度混凝土增压，然后再继续下沉桩管。

三、人工挖孔灌注桩

人工挖孔灌注桩是指桩孔采用人工挖掘方法进行成孔，然后安放钢筋笼，浇筑混凝土而成的桩。其施工特点是：设备简单；无噪声、无振动、不污染环境，对施工现场周围原有建筑物的影响小；施工速度快，可按施工进度要求决定同时开挖桩孔的数量，必要时，各桩孔可同时施工；土层情况明确，可直接观察到地质变化，桩底沉渣能清除干净，施工质量可靠。尤其当高层建筑选用大直径的灌注桩，而其施工现场又在狭窄的市区时，采用人工挖孔比机械挖孔具有更大的适应性，但其缺点是人工耗量大、开挖效率低、安全操作条件差等。其施工设备一般可根据孔径、孔深和现场具体情况加以选用，常用的有电动葫芦、提土桶、潜水泵、鼓风机和输风管、镐、锹、土筐、照明灯、对讲机及电铃等。

（一）施工方法

人工挖孔灌注桩在施工时，为确保挖土成孔施工安全，必须考虑预防孔壁坍塌和流砂现象发生的措施。因此，施工前应根据水文地质资料，拟订出合理的护壁措施和降排水方案。护壁方法很多，可以采用现浇混凝土护壁、喷射混凝土护壁、混凝土沉井护壁、砖砌体护壁、钢套管护壁、型钢 - 木板桩工具式护壁等多种方法。下面介绍应用较广的现浇混凝土护壁时人工挖孔桩的施工工艺流程。

（1）按设计图纸放线、定桩位。

（2）开挖桩孔土方。采取分段开挖，每段高度取决于土壁保持直立状态而不塌方的能力，一般取 0.5~1.0m 为一施工段。开挖范围为设计桩径加护壁的厚度。

（3）支设护壁模板。一般由 4~8 块活动钢模板组合而成。

（4）放置操作平台。桩孔内，置于内模顶部。

（5）浇筑护壁混凝土。护壁混凝土起着防止土壁塌陷与防水的双重作用，因而浇筑时要注意捣实。上下段护壁要错位搭接 50~70mm（咬口连接），以便连接上下段。

（6）拆除模板继续下段施工。当护壁混凝土达到 1MPa（常温下约经 24h 后），方可拆除模板，开挖下段的土方，再支模浇筑护壁混凝土，如此循环，直至挖到设计要求的深度。

（7）排出孔底积水，浇筑桩身混凝土。当桩孔挖到设计深度，并检查孔底土质是否已达到设计要求后，再在孔底挖成扩大头。待桩孔全部成形后，用潜水泵抽出孔底的积水，然后立即浇筑混凝土。当混凝土浇筑至钢筋笼的底面设计标高时，再吊入钢筋笼就位，并继续浇筑桩身混凝土形成桩基。

（二）安全措施

人工挖孔桩的施工安全应予以特别重视，工人在桩孔内作业，应严格按安全操作规程实施并有切实可靠的安全措施。孔下操作人员必须戴安全帽；孔下有人时孔口必须有监护人员；护壁要高出地面 150~200mm，以防杂物滚入孔内；孔内必须设置应急软爬梯；供人员上下井，使用的电葫芦、吊笼等应安全可靠并配有自动锁紧保险装置，不得使用麻绳和尼龙绳吊挂或脚踏井壁凸缘上下。使用前必须检验其安全起吊能力；每日开工前必须检测井下的有毒有害气体，并应有足够的安全防护措施。桩孔开挖深度超过 10m 时，应有专门向井下送风的设备。

孔口四周必须设置护栏。挖出的土石方应及时运离孔口，不得堆放在孔口四周 1m 范围内，机动车辆的通行不得对井壁的安全造成影响。

施工现场的一切电源、电路的安装和拆除必须由持证电工操作，电器必须严格接地、接零和使用漏电保护器。各孔用电必须分闸，严禁一闸多用。孔上电缆必须架空 2.0m 以上，严禁拖地和埋压土中，孔内电缆、电线必须有防磨损、防潮、防断等保护措施。照明应采用安全矿灯或 12V 以下的安全灯。

四、爆扩灌注桩

爆扩灌注桩（统称爆扩桩）是用钻孔或爆扩法成孔。孔底放入炸药，再灌入适量的混凝土，然后引爆，使孔底形成扩大头。此时，孔内混凝土落入孔底空腔内，再放置钢筋骨架，浇筑桩身混凝土而制成的灌注桩。

爆扩桩在黏性土层中使用效果较好，但在软土及砂土中不易成型，桩长 H 一般为 3~6m，最大不超过 10m。扩大头直径 D 为 2.5~3.5d。这种桩具有成孔简单、节省劳力和成本低等优点，但不便检查质量，施工要求较严格。

（一）施工方法

爆扩桩的施工一般可采取桩孔和扩大头分两次爆扩形成。

1. 成孔

爆扩桩成孔的方法可根据土质情况确定，一般有人工成孔（洛阳铲或手摇钻）、机钻成孔、套管成孔和爆扩成孔等多种。其中爆扩成孔的方法是先用洛阳铲或钢钎打出一个直孔，孔的直径一般为 40~70mm，当土质差且地下水又较高时孔的直径约为 100mm，然后在直孔内吊入玻璃管装的炸药条，管内放置 2 个串联的雷管，经引爆并清除积土后即形成桩孔。

2. 爆扩大头

扩大头的爆扩，宜采用硝铁炸药和电雷管进行，且同一工程中宜采用同一种类的炸药和雷管。炸药用量应根据设计所要求的扩大头直径，由现场试验确定。药包必须用塑料薄膜等防水材料紧密包扎，并用防水材料封闭以防浸受潮。药包宜包扎成扁圆球形使炸出的扩大头面积较大。药包中心最好并联放置两个雷管，以保证顺利引爆，药包用绳吊下安放于孔底正中，如孔中有水，可加压重物以免浮起，药包放正后上面填盖 150~200mm 厚的砂子，保证药包不被混凝土冲破。从桩孔中灌入一定量的混凝土后，即进行扩大头的引爆。

（二）施工中常见问题

1. 拒爆

拒爆又称"瞎炮"，就是通电引爆时药包不爆炸，产生的原因主要有炸药或雷管保存不当、受潮或过期失效、药包进水失效、导线被弄断、接线错误等。

2. 拒落

拒落又称"卡脖子"。产生的原因主要有混凝土骨料粒径过大、坍落度过小、灌入的压爆混凝土数量过多、引爆时混凝土已初凝，以及土质干燥和土质中夹有软弱土层引爆后产生缩颈等。其中混凝土坍落度过小是产生拒落事故最常见的原因。

3. 回落土

回落土就是在桩孔形成之后，由于孔壁土质松散软弱、邻近桩爆扩振动的影响、采取爆扩成孔时孔口处理不当，以及雨水冲刷浸泡等造成孔壁的坍塌，回落孔底。回落土是爆扩桩施工中较为普遍的现象。桩孔底部有了回落土，将会在扩大头混凝土与完好的持力层之间形成一定厚度的松散土层，从而使桩产生较大的沉降值，或者由于大量回落土混入混凝土中而显著降低其强度。因此，必须重视回落土的预防和处理。

4. 偏头

偏头就是扩大头不在规定的桩孔位置而是偏向一边。产生的原因主要是扩大头处的土质不均匀，药包放的位置不正、桩距过小，以及引爆程序不当等。扩大头产生偏头后，整根爆扩桩将改变受力性能，处于十分不利的状态，因而施工时要引起足够的重视。

第七节　地基的处理与加固

任何建筑物都必须有可靠的地基和基础。建筑物的全部重量（包括各种荷载）最终将通过基础传给地基，所以，对某些地基的处理及加固就成为基础工程施工中的一项重要内容。在施工过程中如发现地基土质过软或过硬，不符合设计要求时，应本着使建筑物各部位沉降尽量趋于一致，以减小地基不均匀沉降的原则对地基进行处理。

在软弱地基上建造建筑物或构筑物，利用天然地基有时不能满足设计要求，需要对地基进行人工处理，以满足结构对地基的要求。常用的人工地基处理方法有换土地基、重锤夯实、强夯、振冲、砂桩挤密、深层搅拌、堆载预压、化学加固等。

一、换土地基

当建筑物基础下的持力层比较软弱，不能满足上部荷载对地基的要求时，常采用换土地基来处理软弱地基。这时先将基础下一定范围内承载力低的软土层挖去，然后回填强度较大的砂、碎石或灰土等，并夯至密实。实践证明，换土地基可以有效地处理某些荷载不大的建筑物地基问题，如一般的三四层房屋、路堤、油罐和水闸等的地基。换土地基按其回填的材料可分为砂地基、碎（砂）石地基、灰土地基等。

（一）砂地基和砂石地基

砂地基和砂石地基是将基础下一定范围内的土层挖去，然后用强度较大的砂或碎石等回填，并经分层夯实至密实，以起到提高地基承载力、减少沉降、加速软弱土层的排水固结、防止冻胀和消除膨胀土的胀缩等作用。该地基具有施工工艺简单、工期短、造价低等优点。适用于处理透水性强的软弱黏性土地基，但不宜用于湿陷性黄土地基和不透水的黏性土地基，以免聚水引起地基下沉和降低承载力。

1. 构造要求

砂地基和砂石地基的厚度一般根据地基底面处土的自重应力与附加应力之和不大于同一标高处软弱土层的容许承载力确定。地基厚度一般不宜大于 3m，也不宜小于 0.5m。地基宽度除要满足应力扩散的要求外，还要根据地基侧面土的容许承载力来确定，以防止地基向两边挤出。关于宽度的计算，目前还缺乏可靠的理论方法，在实践中常常按照当地某些经验数据（考虑地基两侧土的性质）或按经验方法确定。一般情况下，地基的宽度应沿基础两边各放出 200~300mm，侧面地基土的土质较差时，还要适当增加。

2. 材料要求

砂和砂石地基所用材料，宜采用颗粒级配良好，质地坚硬的中砂、粗砂、砾砂、碎（卵）石、石屑或其他工业废粒料。在缺少中、粗砂和砾砂的地区可采用细砂，但宜同时掺入一定数量的碎（卵）石，其掺入量应符合地基材料含石量不大于50% 的规定。所用砂石料，不得含有草根、垃圾等有机杂物，含泥量不应超过 5%，兼做排水地基时，含泥量不宜超过 3%，碎石或卵石最大粒径不宜大于 50mm。

3. 施工要点

（1）铺筑地基前应验槽，先将基底表面浮土、淤泥等杂物清除干净，边坡必须稳定，防止塌方。基坑（槽）两侧附近如有低于地基的孔洞、沟、井和墓穴等，应在未做换土地基前加以处理。

（2）砂和砂石地基底面宜铺设在同一标高上，如深度不同时，施工应按先深后浅的程序进行。土面应挖成踏步或斜坡搭接，搭接处应夯压密实。分层铺筑时，接头应做成斜坡或阶梯形搭接，每层错开 0.5~1.0m，并注意充分捣实。

（3）人工级配的砂、石材料，应按级配拌和均匀，再进行铺填捣实。

（4）换土地基应分层铺筑，分层夯（压）实，每层的铺筑厚度不宜超过规定数值。分层厚度可用样桩控制。施工时应对下层的密实度检验合格后，方可进行上层施工。

（5）在地下水位高于基坑（槽）底面施工时，应采取排水或降低地下水位的措施，以使基坑（槽）保持无积水状态，如用水撼法或插入振动法施工时，应有控制地注水和排水。

（6）冬季施工时，不得采用夹有冰块的砂石做地基，并应采取措施防止砂石内水分冻结。

（二）灰土地基

灰土地基是将基础底面下一定范围内的软弱土层挖去，用按一定体积配合比的石灰和黏性土拌和均匀，在最优含水量情况下分层回填夯实或压实而成。该地基具有一定的强度、水稳定性和抗渗性，施工工艺简单，取材容易，费用较低。适用于处理 1~4m 厚的软弱土层。

1. 构造要求

灰土地基厚度确定原则同砂地基，其宽度一般为灰土顶面基础砌体宽度加2.5倍灰土厚度之和。

2. 材料要求

灰土的土料宜采用就地挖出的黏性土及塑性指数大于 4 的粉土，但不得含有有机杂质或使用耕植土。使用前土料应过筛，其粒径不得大于 15mm。

用作灰土的熟石灰应过筛，粒径不得大于 5mm，并不得夹有未热化的生石灰块，也不得含有过多的水分。

灰土的配合比一般为 2：8 或 3：7（石灰：土）。

3. 施工要点

（1）施工前应先验槽，清除松土，如发现局部有软弱土层或孔洞，应及时挖除后用灰土分层回填夯实。

（2）施工时，应将灰土拌和均匀，颜色一致，并适当控制其含水量，现场检验方法是用手将灰土紧握成团，以两指轻捏能碎为宜，如土料水分过多或不足时，应晾干或洒水润湿。灰土拌好后及时铺好夯实，不得隔日夯打。

（3）铺灰应分段分层分筑，每层虚铺厚度应按所用夯实机选用。每层灰土的夯打通数，应根据设计要求的干密度在现场试验确定。

（4）灰土分段施工时，不得在墙角、柱基及承重窗间墙下接缝。上下两层灰土的接缝距离不得小于 500mm，接缝处的灰土应注意夯实。

（5）在地下水位以下的基坑（槽）内施工时，应采取排水措施。夯实后的灰土，在 3 天内不得被水浸泡，灰土地基打完后，应及时进行基础施工和回填土，否则要做临时遮盖，防止日晒雨淋。刚打完毕或尚未夯实的灰土，如遭受雨淋浸泡，则应将积水及松软灰土除去并补填夯实，受浸湿的灰土，应在晾干后再夯打密实。

（6）冬季施工时，不得采用冻土或夹有冻土的土料，并应采取有效的防冻措施。

二、强夯地基

强夯地基是用起重机械将重锤（一般 8~30t）吊起从高处（一般 6~30m）自由落下，给地基以冲击力和振动，从而提高地基上的强度并降低其压缩性的一种有效的地基加固方法。该法具有效果好、速度快、节省材料、施工简便，但施工时噪声和振动大等特点，适用于碎石土、砂土、黏性土、湿陷性黄土及填土地基等的加固处理。

（一）机具设备

1.起重机械

起重机械选用起重能力为 150kN 以上的履带式起重机，也可采用专用三角起重架或龙门架做起重设备。起重机械的起重能力为：当直接用钢丝绳悬吊夯锤时，应大于夯锤的 3~4 倍；当采用自动脱钩装置时，起重能力应取大于 1.5 倍锤重。

2.夯锤

夯锤可用钢材制作，或用钢板为外壳，内部焊接钢筋骨架后浇筑 C30 混凝土制成。夯锤底面有圆形和方形两种，圆形不易旋转，定位方便，稳定性好，应用较广。锤底面积取决于表层土质，对砂土一般为 3~4m²，黏性土或淤泥质土不宜使用，夯锤中宜设置若干个上下贯通的气孔，以减少夯击时的空气阻力。

3.脱钩装置

脱钩装置应具有足够强度，且施工灵活。常用的工地自制自动脱钩器由吊环、耳板、销环、吊钩等组成，由钢板焊接制成。

（二）施工要点

（1）强夯施工前，应进行地基勘察和试夯。通过对试夯前后试验结果进行对比分析，确定正式施工时的技术参数。

（2）强夯前应平整场地，周围做好排水沟，按夯点布置测量放线确定夯位。地下水位较高时，应在表面铺 0.5~2.0m 中（粗）砂或砂石地基，其目的是在地表形成硬层，用以支承起重设备，确保机械通行、施工，便于强夯产生的孔隙水压力消散。

（3）强夯施工须按试验确定的技术参数进行。一般以各个夯击点的夯击数为施工控制值，也可采用试夯后确定的沉降量控制。夯击时，落锤应保持平稳，夯位准确，如错位或坑底倾斜过大，用砂土将坑底整平后才可进行下一次夯击。

（4）每夯击一遍，应测量场地平均下沉量，然后用土将夯坑填平，方可进行下一遍夯击。最后一遍的场地平均下沉量必须符合要求。

（5）强夯施工最好在干旱季节进行，如遇雨天施工，夯击坑内或夯击过的场地有积水时，必须及时排除。冬季施工时，应将冻土击碎。

（6）强夯施工时应对每一夯实点的夯击能量、夯击次数和每次夯沉量等做好详细的现场记录。

三、重锤夯实地基

重锤夯实是用起重机械将夯锤提升到一定高度后，利用自由下落时的冲击能来夯实基土表面，使其形成一层较为均匀的硬壳层，从而使地基得到加固。该法具有施工简便、费用较低，但布点较密，夯击遍数多，施工期相对较长，同时夯击能量小，孔隙水难以消散，加固深度有限，当土的含水量稍高，易夯成橡皮土，处理较困难等特点。适用于处理地下水位以上稍湿的黏性土、砂土、湿陷性黄土、杂填土和分层填土地基。但当夯击振动对邻近的建筑物、设备和施工中的砌筑工程或浇筑混凝土等产生有害影响时，或地下水位高于有效夯实深度以及在有效深度内存在软黏土层时，不宜采用。

（一）机具设备

1.起重机械

起重机械可采用配置有摩擦式卷扬机的履带式起重机、打桩机、龙门式起重机或悬臂式桅杆起重机等。其起重能力：当采用自动脱钩时，应大于夯锤重量的1.5倍；当直接用钢丝绳悬吊夯锤时，应大于夯锤重量的3倍。

2. 夯锤

夯锤形状宜采用截头圆锥体，可用 C20 钢筋混凝土制作，其底部可填充废铁并设置钢底板以使重心降低。锤重宜为 15~30kN，底面直径 1.0~1.5m，落距一般为 2.5~4.5m，锤底面单位静压力宜为 15~20kPa。吊钩宜采用自制半自动脱钩器，以减少吊索的磨损和机械振动。

（二）施工要点

（1）施工前应在现场进行试夯，选定夯锤重量、底面直径和落距，以便确定最后下沉量及相应的夯击遍数。最后下沉量是指最后两击平均每击土面的夯沉量，对黏性土和湿陷性黄土取 10~20mm，对砂土取 5~10mm，通过试夯可确定夯实遍数，一般试夯 6~10 遍，施工时可适当增加 1~2 遍。

（2）采用重锤夯实分层填土地基时，每层的虚铺厚度以相当于锤底直径为宜，夯击遍数由试夯确定，试夯层数不宜少于 2 层。

（3）基坑（槽）的夯实范围应大于基础底面，每边应比设计宽度加宽 0.3m以上，以便底面边角夯打密实。基坑（槽）边坡应适当放缓。夯实前坑（槽）底面应高出设计标高，预留土层的厚度可为试夯时的总下沉量再加 50~100mm。

（4）夯实时地基土的含水量应控制在最优含水量范围内。如土的表层含水量过大，可采用铺撒吸水材料（如干土、碎砖、生石灰等）或换土等措施；如土含水量过低，应适当洒水，加水后待全部渗入土中，一昼夜后方可夯打。

（5）在大面积基坑或条形基槽内夯击时，应按一夯挨一夯顺序进行。在一次循环中同一夯位应连夯两遍，下一循环的夯，应与前一循环错开 1/2 锤底直径，落锤应平稳，夯位应准确。在独立柱基基坑内夯击时，可采用先周边后中间或先外后里的跳打法进行。基坑（槽）底面的标高不同时，应按先深后浅的顺序逐层夯实。

（6）夯实完后，应将基坑（槽）表面修整至设计标高。冬期施工时，必须保证地基在不冻的状态下进行夯击。否则应将冻土层挖去或将土层融化。若从坑挖好后不能立即夯实，应采取防冻措施。

四、振冲地基

振冲地基又称振冲桩复合地基，是以起重机吊起振冲器，启动潜水电机带动偏心块，使振冲器产生高频振动，同时开动水泵，通过喷嘴喷射高压水流成孔，然后分批填以砂石骨料形成一根根桩体，桩体与原地基构成复合地基，以提高地基的承载力，减少地基的沉降和沉降差的一种快速、经济有效的加固方法。该法具有技术可靠、机具设备简单、操作技术易于掌握、施工简便、节省三材、加固速度快、地基承载力高等特点。

振冲地基按加固机理和效果的不同，可分为振冲置换法和振冲密实法两类。前者适用于处理不排水、抗剪强度小于 20kPa 的黏性土、粉土、饱和黄土及人工填土等地基，后者适用于处理砂土和粉土等地基，不加填料的振冲密实法仅适用于处理黏粒含量小于 10% 的粗砂、中砂地基。

（一）机具设备

1. 振冲器

宜采用带潜水电机的振冲器，其功率、振动力、振动频率等参数，可按加固的孔径大小、达到的土体密实度选用。

2. 起重机械

起重能力和提升高度均应符合施工和安全要求，起重能力一般为 80~150kN。

3. 水泵及供水管道

供水压力宜大于 0.5MPa，供水量宜大于 20m^2/h。

4.加料设备

可采用翻斗车、手推车或皮带运输机等，其能力须符合施工要求。

5.控制设备

控制电流操作台，附有 150A 以上容量的电流表（或自动记录电流计）、500V 电压表等。

（二）施工要点

（1）施工前应先在现场进行振冲试验，以确定成孔合适的水压、水量、成孔速度、填料方法、达到土体密实时的密实电流值、填料量和留振时间。

（2）振冲前，应按设计图定出冲孔中心位置并编号。

（3）启动水泵和振冲器，水压可用 400~600kPa，水量可用 200~400L/min，使振冲器以 1~2m/min 的速度徐徐沉入土中。每沉入 0.5~1.0m，宜留振 5~10s 进行扩孔，待孔内泥浆溢出时再继续沉入。当下沉达到设计深度时，振冲器应在孔底适当停留并减小射水压力，以便排除泥浆进行清孔。成孔也可采用将振冲器以 1~2m/min 的速度连续沉至设计深度以上 0.3~0.5m 时，将振冲器往上提到孔口，再同法沉至孔底。如此往复 1~2 次，使孔内泥浆变稀，排泥清孔 1~2min 后，将振冲器提出孔口。

（4）填料和振密方法，一般成孔后，将振冲器提出孔口，从孔口往下填料，然后再下降振冲器至填料中进行振密，待密实电流达到规定的数值，将振冲器提出孔口。如此自下而上反复进行直至孔口，成桩操作即告完成。

（5）振冲桩施工时桩顶部约 1m 范围内的桩体密实度难以保证，一般应予以挖除，另做地基，或用振动碾压使之压实。

（6）冬期施工应将表层冻土破碎后成孔。每班施工完毕后应将供水管和振冲器水管内积水排净，以免冻结影响施工。

五、地基局部处理及其他加固方法简介

（一）地基局部处理

1. 松土坑的处理

当坑的范围较小（在基槽范围内）时，可将坑中松软土挖除，使坑底及四壁均见天然土为止，回填与天然土压缩性相近的材料。当天然土为砂土时，用砂或级配砂石回填；当天然土为较密实的黏性土时，则用 3 ∶ 7 灰土分层回填夯实；如为中密可塑的黏性土或新近沉积黏性土，可用 1∶9 或 2∶8 灰土分层回填夯实，每层厚度不大于 20cm。

当坑的范围较大（超过基槽边沿）或因条件限制，槽壁挖不到天然土层时，则应将该范围内的基槽适当加宽，加宽部分的宽度可按下述条件确定：当用砂土或砂石回填时，基槽每边均应按 1∶1 坡度放宽；当用 1∶9 或 2∶8 灰土回填时，按 0.5∶1 坡度放宽；当用 3∶7 灰土回填时，如坑的长度达 2m，基槽可不放宽，但灰土与槽壁接触处应夯实。

如坑在槽内所占的范围较大（长度在 5m 以上），且坑底土质与一般槽底天然土质相同时可将此部分基础加深，踏步与两端相接，踏步多少根据坑深而定，但每步高不大于 0.5m 时长不小于 1.0m。

对于较深的松土坑（如坑深大于槽宽或大于 1.5m 时），槽底处理后，还应适当考虑加强上部结构的强度，方法是在灰土基础上 1~2 皮砖处（或混凝土基础内）、防潮层下 1~2 皮砖处及首层顶板处，加配 4 根 ϕ8~12mm 钢筋跨过该松土坑两端各 1m，以防产生过大的局部不均匀沉降。

如遇到地下水位较高，坑内无法夯实时，可将坑（槽）中软弱的松土挖去，再用砂土、碎石或混凝土代替灰土回填。如坑底在地下水位以下时，回填前先用粗砂与碎石分层回填夯实；地下水位以上用 3 ∶ 7 灰土回填夯实至要求高度。

2. 砖井或土井的处理

当砖井或土井在室外，距基础边缘 5m 以内时，应先用素土分层夯实，回填到室外地坪以下 1.5m 处，将井壁四周砖圈拆除或松软部分挖去，然后用素土分层回填并夯实。

如井在室内基础附近，可将水位降到最低限度，用中、粗砂及块石、卵石或碎砖等回填到地下水位以上 0.5m。砖井应将四周破圈拆至坑（槽）底以下 1m 或更深些，然后再用素土分层回填并夯实，如井已回填，但不密实或有软土，可用大块石将下面的软土挤紧，再分层回填素土夯实。

当井在基础下时，应先用素土分层回填夯实至基础底下 2m 处，将井壁四周松软部分挖去，有砖井圈时，将井圈拆至槽底以下 1~1.5m。当井内有水，应用中、粗砂及块石、卵石或碎砖回填至水位以上 0.5m，然后再按上述方法处理；当井内已填有土，但不密实，且挖除困难时，可在部分拆除后的砖石井圈上加钢筋混凝土盖封口，上面用素土或 2∶8 灰土分层回填、夯实至槽底。

若井在房屋转角处，且基础部分或全部压在井上，除用以上办法回填处理外，还应对基础加强处理。当基础压在井上部分较少，可采用从基础上挑梁的办法解决。当基础压在井上部分较多，用挑梁的方法较困难或不经济时，则可将基础沿墙长方向向外延长出去，使延长部分落在天然土上。落在天然土上基础总面积应等于或稍大于井圈范围内原有基础的面积，并在墙内配筋或用钢筋混凝土梁来加强。

当井已淤填，但不密实时，可用大块石将下面的软土挤密，再用上述办法回填处理。如井内不能夯填密实，上部荷载又较大，可在井内设灰土挤密桩或石灰桩处理；如土井在大体积混凝土基础下，可在井圈上加钢筋混凝土盖板封口，上部再用素土或 2∶8 灰土回填密实的办法处理，使基土内附加应力传布范围比较均匀，但要求盖板至基底的高差大于井径。

3. 局部软硬土的处理

当基础下局部遇基岩、旧墙基、大孤石、老灰土、化粪池、大树根、砖窑底等，均应尽可能挖除，以防建筑物由于局部落于较硬物上造成不均匀沉降，而使上部建筑物开裂。

若基础一部分落于基岩或硬土层上，另一部分落于软弱土层上，基岩表面坡度较大，则应在软土层上采用现场钻孔灌注桩至基岩；或在软土部位做混凝土或砌块石支承墙（或支墩）至基岩；或将基础以下基岩凿去 0.3~0.5m 深，填以中粗砂或土砂混合物做软性褥垫，使之能调整岩土交界部位地基的相对变形，避免应力集中出现裂缝；或采取加强基础和上部结构的刚度，来克服软硬地基的不均匀变形。

如基础一部分落于原土层上，另一部分落于回填土地基上，可在填土部位用现场钻孔灌注桩或钻孔爆扩桩直至原土层，使该部位上部荷载直接传至原土层，以避免地基的不均匀沉降。

（二）其他地基加固方法简介

1. 砂桩地基

砂桩地基是采用类似沉管灌注桩的机械和方法，通过冲击和振动，把砂挤入土中而成的。这种方法经济、简单且有效，对于砂土地基，可通过振动或冲击的挤密作用，使地基达到密实，从而增加地基承载力，降低孔隙比，减少建筑物沉降，提高砂基抵抗振动液化的能力。对于黏性土地基，可起到置换和排水砂井的作用，加速土的固结，形成置换桩与固结后软黏土的复合地基，显著地提高地基的抗剪强度。这种桩适用于挤密松散砂土、素填土和杂填土等地基。对于饱和软黏土地基，由于其渗透性较小，抗剪强度较低，灵敏度又较大，要使砂桩本身挤密并使地基土密实往往较困难。相反的，破坏了土的天然结构，会导致抗剪强度降低，因而对这类工程要慎重对待。

2. 水泥土搅拌桩地基

水泥土搅拌桩地基系利用水泥、石灰等材料作为固化剂，通过特制的深层搅拌机械，在地基深处就地将软土和固化剂（浆液或粉体）强制搅拌，利用固化剂和软土之间所产生的一系列物理、化学反应，使软土硬结成具有一定强度的优质地基。该法具有无振动、无噪声、无污染、无侧向挤压、对邻近建筑物影响很小且施工期较短、造价低廉、效益显著等特点。适用于加固较深较厚的淤泥、淤泥质土、粉土和含水量较高且地基承载力不大于 120kPa 的黏性土地基，对超软土效果更为显著。多用于墙下条形基础、大面积堆料厂房地基，在深基开挖时用于防止坑壁及边坡塌滑、坑底隆起等，以及做地下防渗墙等工程中。

3. 预压地基

预压地基是在建筑物施工前，在地基表面分级堆土或其他荷重，使地基土压密、沉降、固结，从而提高地基强度和减少建筑物建成后的沉降量。待达到预定标准后再卸载，建造建筑物。此法具有使用材料、机具方法简单直接，施工操作方便，但堆载预压需要一定的时间，对深厚的饱和软土，排水固结所需的时间很长，同时需要大量堆载材料等特点。其适用于各类软弱地基，包括天然沉积土层或人工充填土层，较广泛地用于冷藏库、油罐、机场跑道、集装箱码头、桥台等沉降要求较低的地基。实践证明，利用堆载预压法能取得一定的效果，但能否满足工程要求的实际效果，则取决于地基土层的固结特性、土层的厚度、预压荷载的大小和预压时间的长短等因素，因此在使用上受到一定的限制。

4. 注浆地基

注浆地基是指利用化学溶液或胶结剂，通过压力灌注或搅拌混合等措施，而将土粒胶结起来的地基处理方法。此法具有设备工艺简单、加固效果好、可提高地基强度、消除土的湿陷性、降低压缩性等特点。其适用于局部加固新建或已建的建（构）筑物基础、稳定边坡以及防渗帷幕等，也适用于湿陷性黄土地基，对于黏性土、素填土、地下水位以下的黄土地基，经试验有效时也可应用，但长期受酸性污水浸蚀的地基不宜采用。化学加固能否获得预期的效果，主要取决于能否根据具体的土质条件，选择适当的化学浆液（溶液和胶结剂）和采用有效的施工工艺。

总之，用于地基加固处理的方法较多，除上述介绍的几种以外，还有高压喷射注浆地基等。

第八节　脚手架及垂直运输设施

在建筑施工中，脚手架和垂直运输设施有着特别重要的地位。选择与使用得合适与否，不但直接影响着施工作业的顺利和安全进行，也关系着工程质量、施工进度和企业经济效益的提高。因此，它是建筑施工技术措施中最重要的环节之一。

一、脚手架

脚手架是建筑施工中重要的临时设施，是在施工现场为安全防护、工人操作以及解决楼层间少量垂直和水平运输而搭设的支架。脚手架的种类很多：按其搭设位置分为外脚手架和里脚手架两大类；按其所用材料分为木脚手架、竹脚手架与金属脚手架；按其用途分为操作脚手架、防护用脚手架、承重和支撑用脚手架；按其构造形式分为多立杆式、框式、吊挂式、悬挑式、升降式以及用于楼层间操作的工具式脚手架等。

建筑施工脚手架应由架子工搭设，对脚手架的基本要求是：应满足工人操作、材料堆置和运输的需要；坚固稳定，安全可靠；搭拆简单，搬移方便；尽量节约材料，能多次周转使用。脚手架的宽度一般为 1.5~2.0m，砌筑用脚手架的每步架高度一般为 1.2~1.4m。装饰用脚手架的一部架高一般为 1.6~1.8m。

（一）外脚手架

外脚手架沿建筑物外围从地面搭起，既可用于外墙砌筑，又可用于外装饰施工。其主要形式有多立杆式、框式、桥式等。多立杆式应用最广，框式次之。

1. 多立杆式脚手架

（1）基本组成和一般构造

多立杆式脚手架主要由立杆、纵向水平杆（大横杆）、横向水平杆（小横杆）、斜撑、脚下板等组成。其特点是每部架高可根据施工需要灵活布置，取材方便，钢、竹、木等均可应用。

多立杆式脚手架分双排式和单排式两种形式。双排式沿墙外侧设两排立杆，小横杆两端支承在内外两排立杆上，多、高层房屋均可采用。当房屋高度超过50m时，需专门设计。单排式沿墙外侧仅设一排立杆，其小横杆一端与大横杆连接，另一端支承在墙上，仅适用于荷载较小、高度较低、墙体有一定强度的多层房屋。

早期的多立杆式外脚手架主要采用竹、木杆件搭设而成，后来逐渐采用钢管和特制的扣件来搭设。这种多立杆式钢管外脚手架有扣件式和碗扣式两种。

钢管扣件式脚手架由钢管和扣件组成，采用扣件连接，既牢固又便于装拆，可以重复周转使用，因而应用广泛。这种脚手架在纵向外侧每隔一定距离需设置斜撑，以加强其纵向稳定性和整体性。另外，为了防止整片脚手架外倾和抵抗风力，整片脚手架还需均匀设置连墙杆，将脚手架与建筑物主体结构相连，依靠建筑物的刚度来加强脚手架的整体稳定性。

碗扣式钢管脚手架立杆与水平杆靠特制的碗扣接头连接。碗扣分上碗扣和下碗扣，下碗扣焊在钢管上，上碗扣对应地套在钢管上，其销槽对准焊在钢管上的限位销即能上下滑动。连接时，只需将横杆接头插入下碗扣内，将上碗扣沿限位销扣下，并顺时针旋转，靠上碗扣螺旋面使之与限位销定紧，从而将横杆和立杆牢固地连在一起，形成框架结构。碗扣式接头可同时连接4根横杆，横杆可相互垂直亦可组成其他角度，因而可以搭设各种形式的脚手架，特别适于搭设扇形表面及高层建筑施工和装修作为两用外脚手架，还可作为模板的支撑。

（2）承力结构

脚手架的承力结构主要指作业层、横向构架和纵向构架三部分。

作业层直接承受施工荷载，荷载由脚手板传给小横杆，再传给大横杆和立柱。

横向构架由立杆和小横杆组成，是脚手架直接承受和传递垂直荷载的部分。它是脚手架的受力主体。

纵向构架是由各榀横向构架通过大横杆相互之间连成的一个整体。它应沿房屋的周围形成一个连续封闭的结构，所以房屋四周脚手架的大横杆在房屋转角处要相互交圈，并确保连续。实在不能交圈时，脚手架的端头应采取有效措施来加强其整体性。常用的措施是设置抗侧力构件、加强与主体结构的拉结等。

（3）支撑体系

脚手架的支撑体系包括纵向支撑（剪刀撑）、横向支撑和水平支撑。这些支撑应与脚手架这一空间构架的基本构件很好地连接。设置支撑体系的目的是使脚手架成为一个几何稳定的构架，加强其整体刚度，以增大抵抗侧向力的能力，避免出现节点的可变状态和过大的位移。

①纵向支撑（剪刀撑）

纵向支撑是指沿脚手架纵向外侧隔一定距离由下而上连续设置的剪刀撑。具体布置如下：

a. 脚手架高度在 25m 以下时，在脚手架两端和转角处必须设置，中间每隔 12~15m 设一道，且每片架子不少于 3 道。剪刀撑宽度宜取 3~5 倍立杆纵距，斜杆与地面夹角宜在 45°~60° 内，最下面的斜杆与立杆的连接点离地面不宜大于 500mm。

b. 脚手架高度在 25~50m 时，除沿纵向每隔 12~15m 自下而上连续设置一道剪刀撑外，在相邻两排剪刀撑之间，还需沿高度每隔 10~15m 加设一道沿纵向通长的剪刀撑。

c. 对高度大于 50m 的高层脚手架，应沿脚手架全长和全高连续设置剪刀撑。

②横向支撑

横向支撑是指在横向构架内从底到顶沿全高呈之字形设置的连续的斜撑。具体设置要求如下：

a.脚手架的纵向传力构架因条件限制不能形成封闭形。如"一"字形、"L"形或"凹"字形的脚手架，其两端必须设置横向支撑，并于中间每隔 6 个间距加设一道横向支撑。

b.脚手架高度超过 25m 时，每隔 6 个间距要设置一道横向支撑。

③水平支撑

水平支撑是指在设置连墙拉结杆件的所在水平面内连续设置的水平斜杆。一般可根据需要设置，如在承力较大的结构脚手架中或在承受偏心荷载较大的承托架、防护棚、悬挑水平安全网等部位设置，以加强其水平刚度。

（4）抛撑和连杆墙

脚手架由于其横向构架本身是一个高跨比相差悬殊的单跨结构，仅依靠结构本身难以做到保持结构的整体稳定，防止倾覆和抵抗风力。对于高度低于三步的脚手架，可以采用加设抛撑来防止其倾覆，抛撑的间距不超过 6 倍立杆间距，抛撑与地面的夹角为 45°~60°，并应在地面支点处铺设垫板。对于高度超过 3 米的脚手架防止倾斜和倒塌的主要措施是将脚手架整体依附在整体刚度很大的主体结构上，依靠房屋结构的整体刚度来加强和保证整片脚手架的稳定性。其具体做法是在脚手架上均匀地设置足够多的牢固的连墙点。

连墙点的位置应设置在与立杆和大横杆相交的节点处，离节点的间距不宜大于 300mm。设置一定数量的连墙杆后，整片脚手架的倾覆破坏一般不会发生。但要求与连墙杆连接一端的墙体本身要有足够的刚度，所以连墙杆在水平方向上应设置在框架梁或楼板附近，竖直方向应设置在框架柱或横隔墙附近。连墙杆在房屋的每层范围均需布置一排，一般竖向间距为脚手架步高的 2~4 倍，不宜超过 4 倍，且绝对值在 3~4m 内；横向间距宜选用立杆纵距的 3~4 倍，不宜超过 4 倍，且绝对值在 4.5~6.0m 内。

（5）搭设要求

脚手架搭设时应注意地基平整坚实，设置底座和垫板，并有可靠的排水措施，防止积水浸泡地基引起不均匀沉陷。杆件应按设计方案进行搭设，并注意搭设顺序，扣件拧紧程度应适度，一般扭力矩应为 40~60kN·m，禁止使用规格和质量不合格的杆配件。相邻立柱的对接扣件不得在同一高度，应随时校正杆件的垂直和水平偏差。脚手架处于顶层连墙点之上的自由高度不得大于 6m。当作业层高出其下连墙件 2 步或 4m 以上且其上尚无连墙件时，应采取适当的临时撑拉措施，脚手板或其他作业层铺板的铺设应符合有关规定。

2.框式脚手架

（1）基本组成

框式脚手架也称为门式脚手架，是当今国际上应用最普遍的脚手架之一。它不仅可作为外脚手架，还可作为内脚手架或满堂脚手架。框式脚手架由门式框架、剪刀撑、水平梁架以及螺旋基脚组成基本单元，将基本单元相互连接并增加梯子、栏杆及脚手板等即形成脚手架。

（2）搭设要求

框式脚手架是一种工厂生产、现场搭设的 4 脚架，一般只要按产品目录所列的使用荷载和搭设规定进行施工，不必再进行验算。当实际使用情况与规定有出入时，应采取相应的加固措施或进行验算。通常框式脚手架搭设高度限制在 45m 以内，采取一定措施后达到 80m 左右。施工荷载一般为：均布荷载 1.8kN/m^2，或作用于脚手架板块中的集中荷载 2kN。

搭设框式脚手架时，基底必须夯实找平，并铺可调底座，以免发生塌陷和不均匀沉降。要严格控制第一部门式框架垂直度偏差不大于 2mm，门架顶部的水平偏差不大于 5mm。门架的顶部和底部用纵向水平杆和扫地杆固定。门架之间必须设置剪刀撑和水平梁架（或脚手板），其间连接应可靠，以确保脚手架的整体刚度。

（二）里脚手架

里脚手架搭设于建筑物内部，每砌完一层墙后，即将其转移到上一层楼面，进行新的一层砌体砌筑，它可用于内外墙的砌筑和室内装饰施工。里脚手架用料少，但装拆频繁，故要求轻便灵活、装拆方便。其结构形式有折叠式、支柱式和门架式等多种。

1. 折叠式

折叠式脚手架适用于民用建筑的内墙砌筑和内粉刷，也可用于砖围墙、砖平房的外墙砌筑和粉刷。根据材料的不同，可分为角钢、钢管和钢筋折叠式脚手架。

2. 支柱式

支柱式脚手架由若干个支柱和横杆组成，适用于砌墙和内粉刷。其搭设间距，砌墙时不超过 2m，粉刷时不超过 2.5m。支柱式脚手架的支柱有套管式和承插式两种形式。

（三）其他几种脚手架简介

1. 木、竹脚手架

各种先进金属脚手架的迅速推广，使传统木、竹脚手架的应用减少，但在我国南方地区和广大乡镇地区仍时常采用木、竹脚手架。木、竹脚手架由木杆或竹竿用铅丝、棕绳或竹篾绑扎而成。木杆常用剥皮杉杆，缺乏杉杆时，也可用其他坚韧质轻的木料。竹竿应用生长 3 年以上的毛竹。

2. 悬挑式脚手架

悬挑式脚手架简称挑架。其搭设在建筑物外边缘向外伸出的悬挑结构上，将脚手架荷载全部或部分传递给建筑结构。悬挑支承结构有用型钢焊接制作的三角桁架下撑式结构以及用钢丝绳斜拉住水平型钢挑梁的斜拉式结构两种形式。在悬挑结构上搭设的双排外脚手架与落地式脚手架相同，分段悬挑脚手架的高度一般控制在 25m 以内。该形式的脚手架适用于高层建筑的施工。由于脚手架是沿建筑物高度分段搭设，故在一定条件下，当上层还在施工时，其下层即可提前交付使用；而对于有裙房的高层建筑，则可使裙房与主楼不受外脚手架的影响，同时展开施工。

3.吊挂式脚手架

吊挂式脚手架在主体结构施工阶段为外挂脚手架，随主体结构逐层向上施工，用塔吊吊升，悬挂在结构上。在装饰施工阶段，该脚手架改为从屋顶吊挂，逐层下降。吊挂式脚手架的吊升单元（吊篮架子）宽度应控制在 5~6m。该形式的脚手架适用于高层框架和剪力墙结构施工。

4.升降式脚手架

升降式脚手架简称爬架。它是将自身分为两大部件，分别依附固定在建筑结构上。在主体结构施工阶段，升降式脚手架利用自身带有的升降机构和升降动力设备，使两个部件互相利用，交替松开、固定，交替爬升，其爬升原理同爬升模板。在装饰施工阶段，交替下降。该形式的脚手架搭设高度为 3~4 个楼层，不占用塔吊，相对落地式外脚手架，省材料，省人工，适用于高层框架、剪力墙和筒体结构的快速施工。

（四）脚手架的安全防护措施

在房屋建筑施工过程中因脚手架出现事故的概率相当高，所以在脚手架的设计、架设、使用和拆卸中均要高度重视安全防护问题。

当外墙砌筑高度超过 4m 或立体交叉作业时，除在作业面正确铺设脚手板和安装防护栏杆与挡脚板外，还必须在脚手架外侧设置安全网。架设安全网时，其伸出宽度应不小于 2m，外口要高于内口，搭接应牢固，每隔一定距离应用拉绳将斜杆与地面锚桩拉牢。

当用里脚手架施工外墙或多层、高层建筑用外脚手架时，均需设置安全网。安全网应随楼层施工进度逐步上升，高层建筑除这一道逐步上升的安全网外，尚应在下面间附 3~4 层的部位设置一道安全网。施工过程中要经常对安全网进行检查和维修，确保每块支好的安全网应能承受不小于 1.6kN 的冲击荷载。

钢脚手架不得搭设在距离 35kV 以上的高压线路 4.5m 以内的地区和距离 1~10kV 高压线路 3m 以内的地区。钢脚手架在架设和使用期间，要严防与带电体接触，当需要穿过或靠近 380V 以内的电力线路，距离在 2m 以内时，则应断电或拆除电源，如不能拆除，应采取安全可靠的绝缘措施。

搭设在旷野、山坡上的钢脚手架，如在雷击区域或雷雨季节时，应设避雷装置。

二、垂直运输设施

垂直运输设施指在建筑施工中担负垂直输送材料和人员上下的机械设备和设施，砌筑工程中的垂直运输量很大，不仅要运输大量的砖（或砌块）、砂浆，还要运输脚手架、脚手板和各种预制构件，所以如何合理安排垂直运输会直接影响砌筑工程的施工速度和工程成本。

（一）垂直运输设施的种类

目前，砌筑工程中常用的垂直运输设施有塔式起重机、井架、龙门架、施工电梯和灰浆泵等。

1. 塔式起重机

塔式起重机具有提升、回转、水平运输等功能，不仅是重要的吊装设备，而且是重要的垂直运输设备，尤其在吊运长、大、重的物料时有明显的优势，故在可能条件下宜优先选用。

2. 井架、龙门架

井架是施工中最常用的，也是最为简便的垂直运输设施。它的稳定性好、运输量大，除用型钢或钢管加工的定型井架之外，还可用脚手架材料搭设。井架多为单孔井架，但也可构成两孔或多孔井架。井架通常带一个起重臂和吊盘。起重臂起重能力为 5~10kN，在其外伸工作范围内也可做小距离的水平运输，吊盘起重量为 10~15kN，其中可放置运料的手推车或其他散装材料。搭设高度可达 40m，须设缆风绳保持井架的稳定。

龙门架是由两根三角形截面或矩形截面的立柱及天轮梁（横梁）组成的门式架。在龙门架上设滑轮、导轨、吊盘、缆风绳等，进行材料、机具和小型预制构件的垂直运输。龙门架构造简单、制作容易、用材少、装拆方便，但刚度和稳定性较差，一般适用于中小型工程。

3. 施工电梯

多数施工电梯为人货两用，仅有少数为供货用。电梯按其驱动方式可分为齿条驱动和绳轮驱动两种。

齿条驱动电梯又有单吊箱（笼）式和双吊箱（笼）式两种，并装有可靠的限速装置。

齿条驱动电梯适于 20 层以上建筑工程使用；绳轮驱动电梯为单吊箱（笼、无限速装置，轻巧便宜），适于 20 层以下建筑工程使用。

4. 灰浆泵

灰浆泵是一种可以在垂直和水平两个方向连续输送灰浆的机械，目前常用的有活塞式和挤压式两种。活塞式灰浆泵按其结构又分为直接作用式和隔膜式两类。

（二）垂直运输设施的设置要求

垂直运输设施的设置一般应根据现场施工条件满足以下基本要求：

1. 覆盖面和供应面

塔吊的覆盖面是指以塔吊的起重幅度为半径的圆形吊运覆盖面积。垂直运输设施的供应面是指借助水平运输手段（手推车等）所能达到的供应范围。建筑工程全部的作业面应处于垂直运输设施的覆盖面和供应面的范围之内。

2. 供应能力

塔吊的供应能力等于吊次乘以吊量（每次吊运材料的体积、重量或件数），其他垂直运输设施的供应能力等于运次乘以运量，运次应取垂直运输设施和与其配合的水平运输机具中的低值。另外，还需乘以 0.5~0.75 的折减系数，以考虑由于难以避免的因素对供应能力的影响（如机械设备故障等垂直运输设备的供应能力应能满足高峰工作后的需要）。

3. 提升高度

设备的提升高度能力应比实际需要的升运高度高，其高出程度不少于3m，以确保安全。

4. 水平运输手段

在考虑垂直运输设施时，必须同时考虑与其配合的水平运输手段。

5. 装设条件

垂直运输设施装设的位置应具有相适应的装设条件，如具有可靠的基础、与结构拉结和水平运输通道条件等。

6. 设备效能的发挥

必须同时考虑满足施工需要和充分发挥设备效能的问题，当各施工阶段的垂直运输量相差悬殊时，应分阶段设置和调整垂直运输设备，及时拆除已不需要的设备。

7. 设备拥有的条件和今后利用的问题

充分利用现有设备，必要时添置或加工新的设备。在添置或加工新的设备时应考虑今后的利用率。

8. 安全保障

安全保障是使用垂直运输设施中的首要问题，必须引起高度重视。所有垂直运输设备都要严格按有关规定操作使用。

第九节　砌体施工的准备工作

一、砂浆的制备

砂浆按组成材料的不同大致可分为水泥砂浆、混合砂浆两类。

1. 水泥砂浆

用水泥和砂拌和成的水泥砂浆具有较高的强度和耐久性，但和易性差。其多用于高强度和潮湿环境的砌体中。

2. 混合砂浆

在水泥砂浆中掺入一定数量的石灰膏或黏土膏的水泥混合砂浆具有一定的强度和耐久性，且和易性和保水性好。其多用于一般墙体中。

砂浆的配合比应事先通过计算和试配来确定。水泥砂浆的最小水泥用量不宜小于 200kg/m³。砂浆用砂宜采用中砂。砂中的含泥量对于水泥砂浆和强度等级应不小于 M5 的水泥混合砂浆，不宜超过 5%；对于强度等级小于 M5 的水泥混合砂浆，不应超过 10%。用块状生石灰熟化成石灰膏时，其熟化时间不得少于7d。用黏土或粉质黏土制备黏土膏，应过筛，并且用搅拌机加水搅拌。为了改善砂浆在砌筑时的和易性，可掺入适量的有机塑化剂，其掺量一般为水泥用量的（0.5~1）/10000。

砂浆应采用机械拌和，自投完料算起，水泥砂浆和水泥混合砂浆的拌和时间不得少于 2min；水泥粉煤灰砂浆和掺用外加剂的砂浆不得少于 3min；有机塑化剂的砂浆为 3~5min。分层度不应大于 30mm 且颜色一致。砂浆拌成后应盛入贮灰器中，如砂浆出现泌水现象，应在砌筑前再次拌和。砂浆应随拌随用。水泥砂浆和水泥混合砂浆必须分别在拌成 3h 和 4h 内使用完毕；施工期间最高气温超过30℃时，必须分别在拌成后 2h 和 3h 内使用完毕。

砂浆强度等级以标准养护［温度为（20±5）℃及正常湿度条件下的室内不通风处养护］龄期为 28d 的试块抗压强度为准，砌筑砂浆强度等级分为 Ml5、Ml0、M7.5、M5、M2.5 五个等级，各强度等级相应的抗压强度值应符合相应的规定。砂浆试块应在搅拌机出料口随机取样制作。每一检验批且不超过 250m³ 砌体的各种类型及强度等级的砌筑砂浆，每台搅拌机应至少抽验一次。

二、砖的准备

砖的品种、强度等级必须符合设计要求，并应规格一致。用于清水墙、柱表面的砖，应边角整齐、色泽均匀。在砌砖前应提前 1~2d 将砖堆浇水湿润，以使砂浆和砖很好地粘结在一起。严禁砌筑前临时浇水，以免因砖表面存有水膜而影响砌体质量。烧结普通砖、多孔砖的含水率宜为 10%~15%，灰砂砖、粉煤灰砖的含水率宜为 8%~12%。检查含水率最简单的方法是现场断砖，砖截面周围融水深度达 15~20mm，即视为符合要求。

三、施工机具的准备

砌筑前，一般应按施工组织设计要求组织垂直和水平运输机械，砂浆搅拌机械进场、安装、调试等工作。垂直运输多采用扣件及钢管搭设的井架，或人货两用施工电梯，或塔式起重机，而水平运输多采用手推车或机动翻斗车。对多高层建筑，还可以用灰浆泵输送砂浆。同时，还要准备脚手架、砌筑工具（如皮数杆、托线板）等。

第十节　砌筑工程的类型与施工

一、砌体的一般要求

砌体可分为以下几种：砖砌体，主要有墙和柱；砌块砌体，多用于定型设计的民用房屋及工业厂房的墙体；石材砌体，多用于带形基础、挡土墙及某些墙体结构；配筋砌体，在砌体水平灰缝中配置钢筋网片或在墙体外部的预留沟槽内设置竖向粗钢筋的组合砌体。

砌体除应采用符合质量要求的原材料外，还必须有良好的砌筑质量，以使砌体有良好的整体性、稳定性和良好的受力性能，一般要求灰缝横平竖直，砂浆饱满，厚薄均匀，砌块应上下错缝，内外搭砌，接槎牢固，墙面垂直；要预防不均匀沉降引起开裂；要注意施工中墙和柱的稳定性；冬季施工时还要采取相应的措施。

二、毛石基础与砖基础砌筑

（一）毛石基础

1.毛石基础构造

毛石基础是由毛石与水泥砂浆或水泥混合砂浆砌成的。所用毛石应质地坚硬、无裂纹，强度等级一般在 MU20 以上，砂浆宜用水泥砂浆，强度等级应不低于M5。

毛石基础可做墙下条形基础或柱下独立基础。按其断面形状有矩形、阶梯形和梯形之分。基础顶面宽度比墙基底面宽度要大于 200mm；基础底面宽度依设计计算而定。梯形基础坡角应大于 60°。阶梯形基础每阶高不小于 300mm，每阶挑出宽度不大于 20mm。

2. 毛石基础施工要点

（1）基础砌筑前，应先行验槽并将表面的浮土和垃圾清除干净。

（2）放出基础轴线及边线，其允许偏差应符合规范规定。

（3）毛石基础砌筑时，第一波石块应坐浆，并大而向下；料石基础的第一波石块应丁砌并坐浆。砌体应分皮卧砌，上下错缝，内外搭砌，不得采用先砌外面石块后中间填心的砌筑方法。

（4）石砌体的灰缝厚度：毛料石和粗料石砌体不宜大于 20mm，细料石砌体不宜大于 5mm，石块间较大的孔隙应先填塞砂浆后用碎石嵌实，不得采用先放碎石块后灌浆或下填碎石块的方法。

（5）为增加整体性和稳定性，应按规定设置拉结石。

（6）毛石基础的最上一皮及转角处、交接处和洞口处，应选用较大的平毛石砌筑。有高低台的毛石基础，应从低处砌起，并由高台向低台搭接，搭接长度不小于基础高度。

（7）阶梯形毛石基础，上阶的石块应至少压砌下阶石块的 1/2，相邻阶梯毛石应相互错缝搭接。

（8）毛石基础的转角处和交接处应同时砌筑，如不能同时砌筑又必须留槎时，应砌成斜槎。基础每天可砌高度应不超过 1.2m。

（二）砖基础

1. 砖基础构造

砖基础下部通常会扩大，称为大放脚。大放脚有等高式和不等高式两种。等高式大放脚是两皮一收，即每砌两皮砖，两边各收进 1/4 砖长；不等高式大放脚是两皮一收与一皮一收相间隔，即砌两皮砖，收进 1/4 砖长，再砌一皮砖，收进 1/4 砖长，如此往复。在相同底宽的情况下，后者可减小基础高度，但为保证基础的强度，底层需用两皮一收砌筑。放大脚的底宽应根据计算而定，各层大放脚的宽度应为半砖长的整倍数（包括灰缝）。

在大放脚下面为基础地基，地基一般用灰土、碎砖三合土或混凝土等。在墙基顶面应设防潮层，防潮层宜用 1∶2.5 水泥砂浆加适量的防水剂铺设，其厚度一般为 20mm，位置在底层室内地面以下一皮砖处，即离底层室内地面下 60mm 处。

2. 砖基础施工要点

（1）砌筑前，应将地基表面的浮土及垃圾清除干净。

（2）基础施工前，应在主要轴线部位设置引桩，以控制基础和墙身的轴线位置，并从中引出墙身轴线，而后向两边放出大放脚的底边线。在地基转角、交接及高低踏步处预先立好基础皮数杆。

（3）砌筑时，可依皮数杆先在转角及交接处砌几皮砖，然后在其间拉准线砌中间部分。内外墙砖基础应同时砌起，如不能同时砌筑应留置斜槎，斜槎长度不应小于斜槎高度。

（4）基础底标高不同时，应从低处砌起，并由高处向低处搭接。如设计无要求，搭接长度应不小于大放脚的高度。

（5）大放脚部分一般采用一顺一丁的砌筑形式。水平灰缝及竖向灰缝的宽度应控制在 10mm 左右，水平灰缝的砂浆饱满度不得小于 80%，竖缝要错开。要注意丁字及十字接头处砖块的搭接，在这些交接处，纵横墙要隔皮砌通，大放脚的最下一皮及每层的最上一皮应以丁砌为主。

（6）基础砌完验收合格后，应及时回填，回填土要在基础两侧同时进行，并分层夯实。

三、砖墙砌筑

（一）砌筑形式

普通砖墙的砌筑形式主要有五种：一顺一丁、三顺一丁、梅花丁、两平一侧和全顺式。

1. 一顺一丁

一顺一丁是一皮全部顺砖与一皮全部丁砖间隔砌成。上下皮竖缝相互错开1/4砖长。这种砌法效率较高，适用于砌一砖、一砖半及二砖墙。

2. 三顺一丁

三顺一丁是三皮全部顺砖与一皮全部丁砖间隔砌成，上下皮顺砖间竖缝错开1/2砖长，上下皮顺砖与丁砖间竖缝错开1/4砖长。这种砌法因顺砖较多，效率较高，适用于砌一砖、一砖半墙。

3. 梅花丁

梅花丁是每皮中丁砖与顺砖相隔，上皮丁砖座中于下皮顺砖，上下皮间竖缝相互错开1/4砖长。这种砌法内外竖缝每皮都能避开，故整体性较好，灰缝整齐，比较美观，但砌筑效率较低，适用于砌一砖及一砖半墙。

4. 两平一侧

两平一侧采用两皮平砌砖与一皮侧砌的顺砖相隔砌成，当墙厚为3/4砖时，平砌砖均为顺砖，上下皮平砌顺砖间竖缝相互错开1/2砖长；上下皮平砌顺砖与侧砌顺砖间竖缝相互1/2砖长。当墙厚为一砖长时，上下皮平砌顺砖与侧砌顺砖间竖缝相互错开1/2砖长，上下皮平砌丁砖与侧砌顺砖间竖缝相互错开1/4砖长。这种形式适于砌筑3/4砖墙及一砖墙。

5. 全顺式

全顺式是各皮砖均为顺砖，上下皮竖缝相互错开1/2砖长。这种形式仅适用于砌半砖墙。

为了使砖墙的转角处各皮间竖缝相互错开，必须在外角处砌七分头砖（3/4砖长）。当采用一顺一丁组砌时，七分头的顺面方向依次砌顺砖，丁面方向依次砌丁砖。

砖墙的丁字接头处，应分劈相互砌通，内角相交处竖缝应错开1/4砖长，并在横墙端头处加砌七分头砖。

砖墙的十字接头处，应分劈相互砌通，交角处的竖缝应相互错开 1/4 砖长。

（二）砌筑工艺

砖墙的砌筑一般有抄平、放线、摆砖、立皮数杆、盘角、挂线、砌筑、勾缝和清理等工序。

1. 抄平、放线

砌墙前先在基础防潮层或楼面上定出各层标高，并用水泥砂浆或 C10 细石混凝土找平，然后根据龙门板上标志的轴线，弹出墙身轴线、边线及门窗洞口位置。二楼以上墙的轴线可以用经纬仪或垂球将轴线引测上去。

2. 摆砖

摆砖又称摆脚，是指在放线的基面上按选定的组砌方式用干砖试摆。目的是校对所放出的黑线在门窗洞口、附墙垛等处是否符合砖的模数，以尽可能地减少砍砖，并使砌体灰缝均匀、组砌得当。一般在房屋纵墙方向摆顺砖，在山墙方向摆丁砖，摆砖由一个大角摆到另一个大角，砖与砖之间留 10mm 缝隙。

3. 立皮数杆

皮数杆是指在其上画有每皮砖和灰缝厚度，以及门窗洞口、过梁、楼板等高度位置的一种木制标杆。砌筑时用来控制墙体竖向尺寸及各部位构件的竖向标高，并保证灰缝厚度的均匀性。

皮数杆一般设置在房屋的四大角以及纵横墙的交接处，如墙面过长时，应每隔 10~15m 立一根。皮数杆需用水平仪统一竖立，使皮数杆上的 ±0.00 与建筑物底部相吻合，以后就可以向上接皮数杆。

4. 盘角、挂线

墙角是控制墙面横平竖直的主要依据，所以，一般砌筑时应先砌墙角，墙角砖层高度必须与皮数杆相符合，做到"三皮一吊，五皮一靠"。墙角必须双向垂直。

墙角砌好后，即可挂小线作为砌筑中间墙体的依据，以保证墙面平整，一般一砖墙、一砖半墙可用单面挂线，一砖半墙以上则应用双面挂线。

5. 砌筑、勾缝、清理

砌筑操作方法各地不一，但应保证砌筑质量要求。通常采用"三一砌砖法"，即一块砖、一铲灰、一揉压，并随手将挤出的砂浆刮去。这种砌法的优点是灰缝容易饱满、粘结力好、墙面整洁。

勾缝是砌清水墙的最后一道工序，可以用砂浆随砌随勾缝，叫作原浆勾缝；也可砌完墙后再用 1.5 水泥砂浆或加色砂浆勾缝，称为加浆勾缝，勾缝具有保护墙面和增加墙面美观的作用，为了确保勾缝质量，勾缝前应清除墙面粘结的砂浆和杂物，并洒水润湿，在砌完墙后，应画出 1cm 的灰槽，灰缝可勾成凹、平、斜或凸形状。勾缝完后应清扫墙面。

（三）施工要点

（1）全墙砌砖应平行砌起，砖层必须水平，砖层正确位置除用皮数杆控制外，基础和每楼层砌完后必须校对一次水平、轴线和标高，在允许偏差范围内，其偏差值应在基础或楼板顶面调整。

（2）砖墙的水平灰缝和竖向灰缝宽度一般为 10mm，但不小于 8mm，也不应大于 12mm。水平灰缝的砂浆饱满度不得低于 80%，竖向灰缝宜采用挤浆或加浆方法，使其砂浆饱满，严禁用水冲浆灌缝。

（3）砖墙的转角处和交接处应同时砌筑。对不能同时砌筑而又必须留槎时，应砌成斜槎，斜槎长度不应小于高度的 2/3。非抗震设防及抗震设防烈度为 6 度、7 度地区的临时间断处，当不能留斜槎时，除转角处外，可留直槎，但必须做成凸槎，并加设拉结筋。拉结筋的数量为每 120mm 墙厚放置 1 根 φ6 拉结钢筋（120mm 厚墙放置 2 根 φ6 拉结钢筋），间距沿墙高不应超过 500mm，埋入长度从留槎处算起每边均不应小于 500mm，对抗震设防烈度为 6 度、7 度的地区，不应小于 1000mm，末端应有 90° 弯钩。抗震设防地区不得留置槎。

（4）砖墙接槎时，必须将接槎处的表面清理干净，浇水润湿，并应填实砂浆，保持灰缝平直。

（5）每层承重墙的最上一皮砖、梁或梁垫的下面及挑檐、腰线等处，应是整砖丁砌。填充墙砌至接近梁、板底时，应留一定空隙，待填充墙砌筑完并应至少间隔 7d 后，再将其补砌挤紧。

（6）砖墙中留置临时施工洞口时，其侧边离交接处的墙面不应小于 500mm，洞口净宽度不应超过 1m。

（7）砖墙相邻工作段的高度差不得超过一个楼层的高度，也不宜大于 4m。工作段的分段位置应设在伸缩缝、沉降缝、防震缝或门窗洞口处，砖墙临时间断处的高度差，不得超过一个脚手架的高度。砖墙每天砌筑高度以不超过 1.8m 为宜。

（8）在下列墙体或部位中不得留设脚手眼：

① 120mm 厚墙、料石清水墙和独立柱。

②过梁上与过梁成 60°角的三角形范围及过梁净跨度 1/2 的高度范围内。

③宽度小于 1m 的窗间墙。

④砌体门窗洞口两侧 200mm（石砌体为 300mm）和转角处 450mm（石砌体为 600mm）范围内。

⑤梁或梁垫下及其左右 500mm 范围内。

⑥设计不允许设置脚手眼的部位。

四、配筋砌体

配筋砌体是由配置钢筋的砌体作为建筑物主要受力构件的结构。配筋砌体有网状配筋砌体柱、水平配筋砌体墙、砖砌体和钢筋混凝土面层或钢筋砂浆面层组合砌体柱（墙）、砖砌体和钢筋混凝土构造柱组合墙和配筋砌块砌体剪力墙。

（一）配筋砌体的构造要求

配筋砌体的基本构造与砖砌体相同，此处不再赘述，下面主要介绍构造的不同点：

1. 砖柱（墙）网状配筋的构造

砖柱（墙）网状配筋，是在砖柱（墙）的水平灰缝中配有钢筋网片。钢筋上、下保护层厚度不应小于 2mm。所用砖的强度等级不低于 MU10，砂浆的强度等级不应低于 M7.5，采用钢筋网片时，宜采用焊接网片，钢筋直径宜采用 3~4mm；钢筋网中的钢筋的间距不应大于 120mm，且不应小于 30mm；钢筋网片竖向间距，不应大于 5 皮砖，且不应大于 400mm。

2. 组合砖砌体的构造

组合砖砌体是指砖砌体和钢筋混凝土面层或钢筋砂浆面层的组合砌体构件，有组合砖柱、组合砖壁柱和组合砖墙等。

组合砖砌体构件的构造为：面层混凝土强度等级宜采用 C20。面层水泥砂浆强度等级不宜低于 M10，砖强度等级不宜低于 MU10，砌筑砂浆的强度等级不宜低于 M7.5。砂浆面层厚度宜采用 30~45mm。当面层厚度大于 45mm 时，其面层宜采用混凝土。

3. 砖砌体和钢筋混凝土构造柱组合墙

组合墙砌体宜用强度等级不低于 MU7.5 的普通砌墙砖与强度等级不低于 M5 的砂浆砌筑。

构造柱截面尺寸不宜小于 240mm × 240mm，其厚度不应小于墙厚。砖砌体与构造柱的连接处应砌成马牙槎，并应沿墙高每隔 500mm 设 2 根 φ6 拉结钢筋，且每边伸入墙内不宜小于 600mm。柱内竖向受力钢筋，一般采用 HPB235 级钢筋。对于中柱，不宜少于 4 根 φ12；对于边柱，不宜少于 4 根 φ14，其箍筋一般采用 φ6 且间距为 200mm，楼层上下 500mm 范围内宜采用 φ6 且间距为 100mm，构造柱竖向受力钢筋应在基础梁和楼层圈梁中锚固。

组合砌墙的施工程序应先砌墙后浇混凝土构造柱。

4. 配筋砌块砌体构造要求

砌块强度等级不应低于 MU10，砌筑砂浆不应低于 M7.5，灌孔混凝土不应低于 C20。配筋砌块砌体柱边长不宜小于 400mm，配筋砌块砌体剪力墙厚度连梁宽度不应小于 190mm。

（二）配筋砌体的施工工艺

配筋砌体施工工艺的弹线、找平、排砖摆底、墙体盘角、选砖、立皮数杆、挂线以及留槎等施工工艺与普通砖砌体要求相同，下面主要介绍其不同点：

1. 砌砖及放置水平钢筋

砌砖宜采用"三一砌砖法"，即"一块砖、一铲灰、一揉压"，水平灰缝厚度和竖直灰缝宽度一般为 10mm，但不应小于 8mm，也不应大于 12mm，砖墙（柱）的砌筑需达到上下错缝、内外搭砌、灰缝饱满、横平竖直的要求。皮数杆上要标明钢筋网片、箍筋或拉结筋的位置，钢筋安装完毕，并经隐蔽工程验收后方可砌上层砖，同时要保证钢筋上下至少各有 2mm 保护层。

2. 砂浆（混凝土）面层施工

组合砖砌体面层在施工前应清除面层底部的杂物，并浇水湿润砖砌体表面。砂浆面层施工从下而上分层施工，一般应两次涂抹，第一次是刮底，使受力钢筋与砖砌体有一定保护层；第二次是抹面，使面层表面平整。混凝土面层施工应支设模板，每次支设高度一般为 50~60cm，并分层浇筑，振捣密实，待混凝土强度达到 30% 以上时才能拆除模板。

3. 构造柱施工

构造柱竖向受力钢筋的底层锚固在基础梁上，锚固长度不应小于 35d（d 为竖向钢筋直径），并保证位置正确。受力钢筋接长可采用绑扎接头，搭接长度为 35d，绑扎接头处箍筋间距不应大于 200mm。楼层上下 500mm 范围内箍筋间距宜为 100mm。砖砌体与构造柱连接处应砌成马牙槎，从每层柱脚开始，先退后进，每一马牙槎沿高度方向的尺寸不宜超过 300mm，并沿墙高每隔 500mm 设两根 φ6 拉结钢筋，且每边伸入端内不宜小于 1m；预留的拉结钢筋应位置正确，施工中不得任意弯折。浇筑构造柱混凝土之前，必须将砖墙和模板浇水湿润（若为钢模板，不浇水，刷隔离剂），并将模板内落地灰、砖渣和其他杂物清理干净。浇筑混凝土可分段施工，每段高度不宜大于 2m，或每个楼层分两次浇灌，再用插入式振动器，分层捣实。

五、砌块砌筑

用砌块代替烧结普通砖做墙体材料是墙体改革的一个重要途径。近几年来，中小型砌块在我国得到了广泛应用。常用的砌块有粉煤灰硅酸盐砌块、混凝土小型空心砌块及煤矸石砌块等。砌块的规格不统一，中型砌块一般高度为 380~940mm，长度为高度的 1.5~2.5 倍，厚度为 180~300mm，每块砌块的质量为 50~200kg。

（一）砌块排列

由于中小型砌块体积较大、较重，不像砖块可以随意搬动，多用专门设备进行吊装砌筑，且砌筑时必须使用整块，不像普通砖可随意砍凿，因此，在施工前，须根据工程平面图、立面图及门窗洞口的大小、楼层标高、构造要求等条件，绘制各墙的砌块排列图，以指导吊装砌筑施工。

砌块排列图按每片纵横墙分别绘制。其绘制方法是在立面上用 1∶50 或 1∶30 的比例绘出纵横墙，然后将过梁、平板、大梁、楼梯、孔洞等在墙面上标出，由纵墙和横墙高度计算皮数，放出水平灰缝线，并保证砌体平面尺寸和高度是块体加灰缝尺寸的倍数，再按砌块错缝搭接的构造要求和竖缝大小进行排列。对砌块进行排列时，需尽量以主规格砌块为主、辅助规格砌块为辅，减少镶砖。小砌块墙体应对孔错缝横砌，搭接长度不应小于 90mm。墙体的个别部位不能满足上述要求时，应在灰缝中设置拉结钢筋或钢筋网片，但竖向通缝仍不得超过两皮小砌块。砌块中水平灰缝厚度一般为 10~20mm，有配筋的水平灰缝厚度为 20~25mm；竖缝的宽度为 15~20mm，当竖缝宽度大于 30mm 时，应用强度等级不低于 C20 的细石混凝土填实。

（二）砌块施工工艺

砌块施工的主要工序是铺灰、砌块吊装就位、校正、灌缝和镶砖。

1. 铺灰

砌块墙体所采用的砂浆应具有良好的和易性，其稠度以 50~70mm 为宜，铺灰应平整饱满，每次铺灰长度一般不超过 5m，炎热天气及严寒季节应适当缩短。

2. 砌块吊装就位

砌块安装通常采用两种方案：一是以轻型塔式起重机进行砌块、砂浆的运输，以及楼板等预制构件的吊装，由台架吊装砌块；二是以井架进行材料的垂直运输、杠杆车进行楼板吊装，所有预制构件及材料的水平运输则用砌块车和劳动车，台架负责砌块的吊装，前者适用于工程量大或两幢房屋对翻流水的情况，后者适用于工程量小的房屋。

砌块的吊装一般按施工段依次进行，其次序为先外后内、先远后近、先下后上，在相邻施工段之间留阶梯形斜槎。吊装时应从转角处或砌块定位处开始，采用摩擦式夹具，按砌块排列图将所需砌块吊装就位。

3. 校正

砌块吊装就位后，用托线板检查砌块的垂直度，拉准线检查水平度，并用撬棍、楔块调整偏差。

4. 灌缝

竖缝可用夹板在墙体内外夹住，然后灌砂浆，再用竹片插或铁棒捣，使其密实。当砂浆吸水后用刮面板把竖缝和水平缝刮齐。灌缝后，一般不应再撬动砌块，以防损坏砂浆粘结力。

5. 镶砖

当砌块间出现较大竖缝或过梁找平时，应镶砖。镶砖砌体的竖直件和水平缝应控制在 15~30mm 以内。镶砖工作应在砌块校正后即刻进行，镶砖时应注意使砖的竖缝灌密实。

（三）砌块砌体质量检查

砌块砌体质量应符合下列规定：

（1）砌块砌体砌筑的基本要求与本砌体相同，但搭接长度应不小于150mm。

（2）外观检查结果应达到墙面清洁、勾缝密实、深浅一致、交接平整。

（3）经试验检查，在每一楼层或250m²砌体中，一组试块（每组3块）同强度等级的砂浆或细石混凝土的平均强度不得低于设计强度最低值。对砂浆不得低于设计强度的75%，对细石混凝土不得低于设计强度的85%。

（4）预埋件、预留孔洞的位置应符合设计要求。

六、填充墙砌体工程施工

在框架结构的建筑中，墙体一般只起围护与分隔的作用，常用体轻、保温性能好的烧结空心砖或小型空心砌块砌筑，其施工方法与施工工艺与一般砌体施工有所不同，简述如下：

砌体和块体材料的品种、规格、强度等级必须符合图纸设计要求，规格尺寸应一致，质量等级必须符合标准要求，并应有出厂合格证明和试验报告单；蒸压加气混凝土砌块和轻骨料混凝土小型砌块砌筑时的产品龄期应超过28d。蒸压加气混凝土砌块和轻骨料混凝土小型砌块应符合《建筑放射性核素限量》的规定。

填充墙砌体应在主体结构及相关部分施工完毕，并经有关部门验收合格后再进行。砌筑前，应认真熟悉图纸以及相关构造及材料要求，核实门窗洞口位置和尺寸，计算出窗台及过梁圈梁顶部标高并根据设计图纸及工程实际情况，编制出专项施工方案和施工技术交底。

填充墙砌体施工工艺及要求如下所述：

1. 基层清理

在砌筑砌体前应对墙基层进行清理，将基层施上的浮浆灰尘清扫干净并浇水湿润。块材的湿润程度应符合规范及施工要求。

2. 施工放线

放出每一楼层的轴线、墙身控制线和门面洞的位置线，在框架柱上弹出标高控制线以控制门窗上的标高及窗台高度，施工放线完成后，验收合格方能进行墙体施工。

3. 墙体拉结钢筋

（1）墙体拉结钢筋有多种留置方式，目前主要采用预埋钢板再焊接拉结筋、用膨胀螺栓固定先焊在铁板上的预留拉结筋以及采用植筋方式埋设拉结筋等方式。

（2）采用焊接方式连接拉结筋，单面搭接焊的焊缝长度应 ≥ 10d，双面搭接焊的焊缝长度应 ≥ 5d。焊接不应有边、气孔等质量缺陷，并进行焊接质量检查验收。

（3）采用植筋方式埋设拉结筋，埋设的拉结筋位置较为准确且操作简单不伤结构，但应通过抗拔试验。

4. 构造柱钢筋

在填充墙施工前应先将构造柱钢筋绑扎完毕，构造柱竖向钢筋与原结构上预留插孔的搭接绑扎长度应满足设施要求。

5. 立皮数杆、排砖

（1）在皮数杆上框柱、墙上排出砌块的皮数及灰缝厚度，并标出窗、洞及墙梁等构造标高。

（2）根据要砌筑的墙体长度和高度试排砖，摆出门、窗及孔洞的位置。

（3）外墙壁第一波砖皮底时，横墙应排丁砖，梁及梁垫的下面一皮砖、窗台等阶水平面上一皮应用丁砖砌筑。

6. 填充墙砌筑

（1）拌制砂浆

①砂浆配合比应用重量比，计量精度为：水泥 ±2%，砂及掺合料 ±5%。砂应计入其含水量对配料的影响。

②宜用机械搅拌，投料顺序为砂→水泥→修合料→水，搅拌时间不少于2min。

③砂浆应随拌随用，水泥或水泥混合砂浆一般在拌和后 3~4h 内用完，气温在 30℃以上时，应在 2~3h 内用完。

（2）砖或砌块应提前 l~2d 浇水湿润；湿润程度以达到水浸润砖体深度 15mm 为宜，含水率为 10%~15%。不宜在砌筑时临时浇水，严禁干砖上墙，严禁在砌筑后向墙体洒水，因蒸压加气混凝土砌块含水率大于 35%，只能在砌筑时洒水湿润。

（3）砌筑墙体

①砌筑蒸压加气混凝土砌块和轻骨料混凝土小型空心砌块填充墙时，墙底部应砌 200mm 高烧结普通砖、多孔砖或普通混凝土空心砌块或浇筑 200mm 高混凝土坎台，混凝土强度等级宜为 C20。

②填充墙砌筑必须内外搭接、上下错缝、灰缝平宜、砂浆饱满，操作过程中要经常进行自检，如有偏差，应随时纠正，严禁事后采用撞砖纠正。

③填充墙砌筑时，除构造柱的部位外，墙体的转角处和交接处应同时砌筑，严禁无可靠措施的内外墙分砌施工。

④填充墙砌体的灰缝厚度和宽度应正确。空心砖、轻骨料混凝土小型空心砌块的砌体灰缝应为 8~12mm。蒸压加气混凝土砌块砌体的水平灰缝厚度、竖向灰缝宽度分别为 15mm 和 20mm。

⑤墙体一般不留槎，如必须留置临时间断处，应砌成斜槎，斜槎长度不应小于高度的 2/3；施工时不能留成斜槎时，除转角处外，可于墙中引出直凸槎（抗震设防地区不得留直槎）。直槎墙体每间隔高度应在灰缝中加设拉结钢筋，拉结筋数量按 120mm 墙厚放一根 φ6 的钢筋，埋入长度从墙的留槎处算起，两边均不应小于 500mm，末端应有 90°弯钩；拉结筋不得穿过烟道和通气管。

⑥砌体接槎时，必须将接槎处的表面清理干净，浇水湿润，并应填实砂浆，保持灰缝平直。

⑦木砖预埋：木砖经防腐处理，木纹应与钉子垂立，埋设数量按洞口高度确定；洞门高度为 2m，每边放 2 块，高度在 2~3m 时，每边放 3~4 块。预埋木砖的部位一般在洞门上下四皮砖处开始，中间均匀分布或按设计预埋。

⑧设计墙体上有预埋、预留的构造，应随砌随留、随复核，确保位置正确、构造合理。不得在已砌筑好的墙体中打洞；墙体砌筑中，不得搁置脚手架。

⑨凡穿过砌块的水管，应严格防止渗水、漏水。在墙体内敷设暗管时，只能垂直埋设，不得水平开槽，敷设应在墙体砂浆达到强度后进行。混凝土空心砌块预埋管应提前专门做有预埋槽的砌块，不得在墙上开槽。

⑩加气混凝土砌块切锯时应用专用工具，不得用斧子或瓦刀任意砍劈，洞口两侧应选用规则整齐的砌块砌筑。

7. 构造柱、圈梁

（1）有抗震要求的砌体填充墙按设计要求应设置构造柱、圈梁，构造柱的宽度由设计确定，厚度一般与墙壁等厚，圈梁宽度与墙等宽，高度不应小于120mm，圈梁、构造柱的插筋宜优先预埋在结构混凝土构件中或后植筋，预留长度符合设计要求构造柱施工时按要求应留设马牙槎。马牙槎宜先退后进，进退尺寸不小于 60mm，高度不宜超过 300mm，当设计无要求时，构造柱应设置在填充墙的转角处、丁形交接处或端部；当墙长大于 5m 时，应间隔设置。圈梁宜设在填充墙高度中部。

（2）支设构造柱和圈梁模板时，宜采用对拉栓式夹具，为了防止模板与砖墙接缝处漏浆，宜用双面胶条粘结。构造柱模板根部应留垃圾清扫孔。

（3）在浇灌构造柱、圈梁混凝土前，必须向柱或梁内砌体和模板浇水湿润，并将模板内的落地灰清除干净，先注入适量水泥砂浆，再浇灌混凝土。振捣时，振捣器应避免触碰墙体，严禁通过墙体传振。

第十一节 砌筑工程的质量及安全技术

一、砌筑工程的质量要求

（1）砌体施工质量控制等级：砌体施工质量控制等级分为三级，其标准应符合现场质量管理及砂浆、混凝土强度等要求。

（2）对砌体材料的要求：砌体工程所用的材料应有产品的合格证书、产品性能检测报告。块材、水泥、钢筋、外加剂等还应有材料主要性能的进场复验报告，严禁使用国家明令淘汰的材料。

（3）任意一组砂浆试块的强度不得低于设计强度的75%。

（4）砖砌体应横平竖直，砂浆饱满，上下错缝，内外错砌，接槎牢固。

（5）砖、小型砌块砌体的允许偏差和外观质量标准应符合规范规定。

（6）配筋砌体的构造柱位置及垂直度的允许偏差应符合规范规定。

（7）填充墙砌体一般尺寸的允许偏差应符合规范规定。

（8）填充墙砌体的砂浆饱满度及检验方法应符合规范规定。

二、砌筑工程的安全与防护措施

在砌筑操作前，必须检查施工现场各项准备工作是否符合安全要求，如道路是否畅通、机具是否完好牢固、安全设施和防护用品是否齐全，经检查符合要求后才可施工。

施工人员进入现场必须戴好安全帽，砌基础时，应检查和注意基坑土质的变化情况，堆放砖石材料应离开坑边1m以上。砌墙高度超过地坪1.2m以上时，应搭设脚手架；架工堆放材料不得超过规定荷载值，堆砖高度不得超过三皮侧砖，同一块脚手板上的操作人员不应超过2人。按规定搭设安全网。

不准站在墙顶上做画线、刮缝及清扫墙面或检查大角垂直等工作，不准用不稳固的工具或物体在脚手板上垫高操作。

砍砖时应面向墙面，工作完毕应将脚手板和砖墙上的碎砖、灰浆清扫干净，防止掉落伤人。正在砌筑的墙上不准走人。不准站在墙上做画线、刮缝、吊线等工作。山墙砌完后，应立即安装桁条或临时支撑，防止倒塌。

雨天或每日下班时应做好防雨准备，以防雨水冲走砂浆，致使砌体倒塌。冬季施工时，脚手板上如有冰霜、积雪，应先清除后才能上架子进行操作。

砌石墙时不准在墙顶或架上修石材，以免震动墙体影响质量或石片掉下伤人。不准徒手移动上墙的石块，以免压破或擦伤手指。不准勉强在超过胸部的墙上进行砌筑，以免将墙体碰撞倒塌或上石时失手掉下造成安全事故。石块不得往下掷，运石上下时，脚户板要钉装牢固，并钉防滑条及扶手栏杆。

对有部分破裂和脱落危险的砌块，严禁起吊；起吊砌块时，严禁将砌块件留在操作人员的上空或在空中整修；砌块吊起时不得在下一层楼面上进行其他任何工作；卸下砌块时应避免冲击，砌块堆放应尽量靠近楼板两端，不得超过楼板的承重能力；砌块吊装就位时，应待砌块放稳后；方可松开夹；凡脚手架、井架、门架搭设好后，须经 4 人验收合格后方准使用。

第十二节　模板工程技术实践

模板工程的施工工艺包括模板的选材、选型、设计、制作、安装、拆除和周转等。模板工程是钢筋混凝土结构工程施工的重要组成部分，特别是在现浇钢筋混凝土结构工程施工中占有突出的地位，将直接影响施工方法和施工机械的选择，对施工工期和工程造价也有一定的影响。

模板的材料宜选用钢材、胶合板、塑料等，模板支架的材料宜选用钢材等。当采用木材时，其树种可根据各地区的实际情况选用，但材质不宜低于Ⅲ等材。

一、模板的作用、要求和种类

模板系统包括模板、支架和紧固件三个部分。模板又称模型板，是新浇混凝土成形用的模型。

模板及其支架的要求：能保护工程结构和构件各部分形状尺寸及相互位置的正确；具有足够的承载能力、刚度和稳定性，能可靠地承受新浇混凝土的自重、侧压力及施工荷载；模板构造要求简单，装拆方便，便于钢筋的绑扎、安装、混凝土浇筑及养护等要求；模板的接缝不应漏浆。

模板及其支架的分类：

按所用材料的不同，分为木模板、钢模板、钢木模板、钢竹模板、胶合板模板、塑料模板及铝合金模板等。

按结构类型的不同，分为基础模板、柱模板、楼板模板、墙模板、壳模板和烟囱模板等。

按形式的不同，分为整体式模板、定型模板、工具式模板、滑升模板和胎模等。

（一）木模板

木模板的特点是加工方便，能适应各种变化形状模板的需要，但周转率低，消耗木材较多。如节约木材，减少现场工作，木模板一般预先加工成拼板，然后在现场进行拼装。拼板由板条拼钉而成，板条厚度一般为25~30mm，其宽度不宜超过700mm（工具式模板不超过150mm），拼条间距一般为400~500mm，视混凝土的侧压力和板条厚度而定。

（二）基础模板

基础模板的特点是高度不大但体积较大，基础模板一般利用地基或基槽（坑）进行支撑。

安装时要保证上下模板不发生相对位移，如为杯形基础，则还要在其中放入杯口模板；如为杯形基础，则还应设杯口芯模。当土质良好时，基础的最下一阶可不用模板，而进行原槽灌筑。模板应支撑牢固，保证上下模板不产生位移。

（三）柱子模板

柱子的特点是断面尺寸不大但比较高。柱子模板由内拼板夹在两块外拼板之间组成，为利用短料，可利用短横板（门子板）代替外拼板钉在内拼板上。为承受混凝土的侧应力，拼板外沿设柱箍，其间距与混凝土侧压力和拼板厚度有关，为 500~700mm。柱模底部有钉在底部混凝土上的木框，用以固定柱模的位置。柱模顶部有与梁模连接的缺口，背部有清理孔，沿高度每 2m 设浇筑孔，以便浇筑混凝土。对于独立柱模，其四周应加支撑，以免混凝土浇筑时产生倾斜。

安装过程及要求：梁模板安装时，沿梁模板下方地面铺垫板，在柱模板缺口处钉衬口档，把底板搁置在衬口档上；接着，立起靠近柱或墙的顶撑，再将梁长度等分，立中间部分顶撑，顶撑底下打入木楔，并检查调整标高；然后，把侧模板放上，两头钉于衬口档上，在侧板底外侧铺钉夹木，再钉上斜撑和水平拉条。有主次梁模板时，要待主梁模板安装并校正后才能进行次梁模板安装。梁模板安装后再拉中线检查、复核各梁模板中心线位置是否正确。

（四）梁、楼板模板

梁的特点是跨度大但宽度不大，梁底一般是架空的，楼板的特点是面积大而厚度比较薄，侧向压力小。

梁模板由底模和侧模、夹木及支架系统组成。底模承受垂直荷载，一般较厚。底模用长条模板加拼条拼成，或用整块板条。底模下有支柱（顶撑）或桁架承托。为减少梁的变形，支柱的压缩变形或弹性挠变不超过结构跨度的 1/1000。支柱底部应支承在坚实的地面或楼面上，以防下沉。为便于调整高度，宜用伸缩式顶梁或在支柱底部垫以木楔。多层建筑施工中，安装上层楼的楼板时，其下层楼板应达到足够的强度，或设有足够的支柱。

梁跨度等于及大于 4m 时，底模应起拱，起拱高度一般为梁跨度的 1/1000~3/1000。

梁侧模板承受混凝土侧压力，为防止侧向变形，底部应用夹紧条夹住，顶部可由支撑楼板模板的木阁栅顶住，或用斜撑支牢。

楼板模板多用定型模板，它支承在木阁栅上，木阁栅支承在梁侧模板外的横挡上。

（五）楼梯模板

楼梯模板的构造与楼板相似，不同点是楼梯模板要倾斜支设，并且要能形成踏步。踏步模板分为底板及梯步两部分。平台和平台梁的模板同前。

（六）定型组合钢模板

定型组合钢模板是一种工具式定型模板，由钢模板和配件组成，配件包括连接件和支承件。

钢模板通过各种连接件和支承件可组合成多种尺寸、结构和几何形状的模板，以适应各种类型建筑物的梁、柱、板、墙、基础和设备等施工的需要，也可用其拼装成大模板、滑模、隧道模和台模等。

施工时可在现场直接组装，亦可预拼装成大块模板或构件模板用起重机吊运安装。

定型组合钢模板组装灵活、通用性强，并且拆装方便；每套钢模可重复使用 50~100 次；加工精度高，浇筑混凝土的质量好，成型后的混凝土尺寸准确、棱角整齐、表面光滑，可以节省装修用工。

1. 钢模板

钢模板包括平面模板、阴角模板、阳角模板和连接角模。

钢模板采用模数制设计，宽度模数以 50mm 晋级，长度为 150mm 模板规格级，可以适应横竖拼装成以 50mm 模板规格级的任何尺寸的模板。

（1）平面模板

平面模板用于基础、墙体、梁、板、柱等各种结构的平面部位，它由面板和肋组成，肋上设有U形卡孔和插销孔，利用U形卡和L形插销等拼装成大块板，规格分类长度有1500mm、1200mm、900mm、750mm、600mm、450mm六种，宽度有300mm、250mm、150mm、100mm几种，高度为55mm可互换组合拼装成以50mm为模数的各种尺寸。

（2）阴角模板

阴角模板用于混凝土构件阴角，如内墙角、水池内角及梁板交接处阴角等。宽度阴角模板规格有150mm×150mm、100mm×150mm两种。

（3）阳角模板

阳角模板主要用于混凝土构件阳角，宽度阳角模板规格有100mm×100mm、50mm×50mm两种。

（4）连接角模

连接角模用于平面模板做垂直连接构成阳角，宽度连接角模板规格有50mm×50mm一种。

2.连接件

定型组合钢模板的连接件包括U形卡、L形插销、钩头螺栓、紧固螺栓、对拉螺栓和扣件等，可用12φ3号圆钢自制。

（1）U形卡：模板的主要连接件，用于相邻模板的拼装。

（2）L形插销：用于插入两块模板纵向连接处的插销孔内，以增强模板纵向接头处的刚度。

（3）钩头螺栓：连接模板与支撑系统的连接件。

（4）紧固螺栓：用于内、外钢楞之间的连接件。

（5）对拉螺栓：对拉螺栓又称穿墙螺栓，用于连接墙壁两侧模板，其可保持墙壁厚度，承受混凝土侧压力及水平荷载，使模板不致变形。

（6）扣件：扣件用于钢楞之间或钢楞与模板之间的扣紧，按钢楞的不同形状，分别采用蝶形扣件和"3"形扣件。

3. 支承件

定型组合钢模板的支承件包括钢楞、柱箍、支架、斜撑及钢桁架等。

（1）钢楞

钢楞即模板的横档和竖档，分内钢楞与外钢楞。

内钢楞配置方向一般应与钢模板垂直，直接承受钢模板传来的荷载，其间距一般为 700~900mm。

钢楞一般用圆钢管、矩形钢管、槽钢或内卷边槽钢，而以钢管用得较多。

（2）柱箍

柱模板四角设角钢柱箍。角钢柱箍由两根互相焊成直角的角钢组成，用弯角螺栓及螺母拉紧。

（3）钢支架

常用钢管支架由内外两节钢管制成；支架底部除垫板外，均用木锲调整标高，以便拆卸。

另一种钢管支架本身装有调节螺杆，能调节一个孔距的高度，使用方便，但成本略高。

当荷载较大、单根支架承载力不足时，可用组合钢支架或钢管井架，还可用扣件式钢管脚手架、门形脚手架做支架。

（4）斜撑

由组合钢模板拼成的整片墙模或柱模，在吊装就位后，应由斜撑调整和固定其垂直位置。

（5）钢桁架

其两端可支承在钢筋托具、墙、梁侧模板的横档以及柱顶梁底横档上，以支承梁或板的模板。

（6）梁卡具

梁卡具又称梁托架，用于固定矩形梁、圈梁等模板的侧模板，可节约斜撑等材料，也可用于侧模板上口的卡固定位。

二、模板的安装与拆除

（一）模板的安装

模板及其支架在安装过程中，必须设置防倾覆的临时固定设施。对现浇多层房屋和构筑物，应采取分层分段支模的方法。对现浇结构模板安装的允许偏差应符合规定，对预制构件模板安装的允许偏差也应符合规定。固定在模板上的预埋件和预留孔洞均不得遗漏，安装必须牢固，位置准确，其允许偏差应符合规定。

（二）模板的拆除

模板拆除取决于混凝土的强度、模板的用途、结构的性质、混凝土硬化时的温度及养护条件等。及时拆模可以提高模板的周转率；拆模过早会因混凝土的强度不足，自重或外力作用大而产生变形甚至裂缝，造成质量事故。因此，合理地拆除模板对提高施工的技术经济效果也是至关重要的。

1. 拆模的要求

对现浇混凝土结构工程进行施工时，模板和支架拆除应符合下列规定：

第一，侧模。在确保混凝土强度能保护其表面及棱角不因拆除模板而受损坏后，方可拆除。

第二，底模。混凝土强度符合规定，方可拆除。

对预制构件模板拆除时的混凝土强度，应符合设计要求。当设计无具体要求时，应符合下列规定：

第一，侧模。在混凝土强度能保证构件不变形且棱角完整时，才允许拆除侧模。

第二，芯模或预留孔洞的内模。在混凝土强度能保证构件和孔洞表面不发生坍陷和裂缝后，方可拆除。

第三，底模。当构件跨度不大于 4m 时，在混凝土强度符合设计的混凝土强度标准值的 50% 要求后，方可拆除；当构件跨度大于 4m 时，在混凝土强度符合设计的混凝土强度标准值的 75% 要求后，方可拆模。设计的混凝土强度标准值是指与设计混凝土等级相应的混凝土立方抗压强度标准值。

已拆除模板及其支架后的结构，只有当混凝土强度符合设计混凝土强度等级的要求时，才允许承受全部荷载；当施工荷载产生的效应比使用荷载的效应更为不利时，对结构必须经过核算，确保其安全可靠性或经加设临时支撑加固处理后，才允许继续施工。拆除后的模板应进行清理、涂刷隔离剂，分类堆放，以便使用。

2. 拆模的顺序

一般是先支后拆，后支先拆，先拆除侧模板，后拆除底模板。对于肋形楼板的拆模顺序，首先拆除柱模板，然后拆除楼板底模板、梁侧模板，最后拆除梁底模板。

多层楼板模板支架的拆除，应按下列要求进行：

上层楼板正在浇筑混凝土时，下一层楼板的模板支架不得拆除，再下一层楼板模板的支架仅可拆除一部分。

跨度 4m 及 4m 以上的梁均应保留支架，其间距不得大于 3m。

3. 拆模时的注意事项

（1）模板拆除时，不应对楼层形成冲击荷载。

（2）拆除的模板和支架宜分散堆放并及时清运。

（3）拆模时，应尽量避免混凝土表面或模板受到损坏。

（4）拆下的模板应及时加以清理、修理，按尺寸和种类分别堆放，以便下次使用。

（5）若定型组合钢模板背面油漆脱落，应补刷防锈漆。

（6）已拆除模板及支架的结构，应在混凝土达到设计的混凝土强度标准后，才允许承受全部使用荷载。

（7）当承受施工荷载产生的效应比使用荷载更为不利时，必须经过核算，并加设临时支撑。

第十三节 钢筋工程技术实践

一、钢筋的分类

钢筋混凝土结构所用的钢筋按生产工艺分为热轧钢筋、冷拉钢筋、冷拔钢筋、冷轧钢筋、热处理钢筋、碳素钢丝、刻痕钢丝和钢绞线等。按轧制外形分为光圆钢筋和变形钢筋（月牙形、螺旋形、人字形钢筋），按钢筋直径大小分为钢丝（直径 3~5mm）、细钢筋（直径 6~10mm）、中粗钢筋（直径 12~20mm）和粗钢筋（直径大于 20mm）。

钢筋出厂必须附有出厂合格证明书或技术性能及试验报告证书。

钢筋运至现场在使用前需要经过加工处理。钢筋的加工处理主要工序有冷拉、冷拔、除锈、调直、下料、剪切、绑扎及焊（连）接等。

二、钢筋的验收和存放

钢筋混凝土结构和预应力混凝土结构的钢筋应按下列规定选用：

普通钢筋即用于钢筋混凝土结构中的钢筋及预应力混凝土结构中的非预应力钢筋，宜采用 HRB400 和 HRB335，也可采用 HPB235 和 RRB400 钢筋；预应力钢筋宜采用预应力钢绞线、钢丝，也可采用热处理钢筋。钢筋混凝土工程中所用的钢筋均应进行现场检查验收，合格后方能入库存放、待用。

1. 钢筋的验收

钢筋进场时，应按现行国家标准《钢筋混凝土用热轧带肋钢筋》（GB1499）的规定抽取试件并做力学性能检验，其质量必须符合相关标准的规定。

验收内容：查对标牌，检查外观，并按有关标准的规定抽取试样进行力学性能试验。

钢筋的外观检查包括钢筋应平直、无损伤，表面不得有裂纹、油污、颗粒状或片状锈蚀。钢筋表面凸块不允许超过螺纹的高度，钢筋的外形尺寸应符合有关规定。

做力学性能试验时，从每批中任意抽出两根钢筋，每根钢筋上取两个试样分别进行拉力试验（测定其屈服点、抗拉强度、伸长率）和冷弯试验。

2. 钢筋的存放

钢筋运至现场后，必须严格按批分等级、牌号、直径、长度等挂牌存放，并注明数量，不得混淆。

应堆放整齐，避免锈蚀和污染，钢筋的下面要加垫木，确保离地有一定距离，一般为20cm；有条件时，尽量堆入仓库或料棚内。

三、钢筋的冷拉和冷拔

1. 钢筋的冷拉

钢筋冷拉：在常温下对钢筋进行强力拉伸，以超过钢筋的屈服强度的拉应力，使钢筋产生塑性变形，从而达到调直钢筋、提高强度的目的。

（1）冷拉原理

钢筋冷拉原理：冷拉后钢筋有内应力存在，内应力会促进钢筋内的晶体组织调整，使屈服强度进一步提高。该晶体组织的调整过程称为"时效"。

（2）冷拉控制

钢筋冷拉控制可以用控制冷拉应力或冷拉率的方法。冷拉后需检查钢筋的冷拉率，如超过表中规定的数值，则应进行钢筋力学性能试验。用作预应力混凝土结构的预应力筋宜采用冷拉应力来控制。

对同炉批钢筋，试件不宜少于4个，每个试件都按规定的冷拉应力值在万能试验机上测定相应的冷拉率，取平均值作为该炉批钢筋的实际冷拉率。

不同炉批的钢筋，不宜用控制冷拉率的方法进行钢筋冷拉。

（3）冷拉设备

冷拉设备由拉力设备、承力结构、测量设备和钢筋夹具等部分组成。

2. 钢筋的冷拔

钢筋冷拔是用强力将直径 6~8mm 的 I 级光圆钢筋在常温下通过特制的铝合金拔丝模，多次拉拔成比原钢筋直径小的钢丝，使钢筋产生塑性变形。

钢筋经过冷拔后，横向压缩、纵向拉伸，钢筋内部晶格产生滑移，抗拉强度标准值可提高 50%~90%，但塑性降低，硬度提高。这种经冷拔加工的钢筋称为冷拔低碳钢丝。冷拔低碳钢丝分为甲、乙级，甲级钢丝主要用作预应力混凝土构件的预应力筋，乙级钢丝用于焊接网和焊接骨架、架立筋、箍筋和构造钢筋。冷拔低碳钢丝的力学性能不得小于规定值。

（1）冷拔工艺

钢筋冷拔工艺过程为：轧头—剥壳—通过润滑剂—进入拔丝模。轧头在钢筋轧头机上进行，将钢筋端轧细，以便通过拔丝模孔。剥壳是通过 3~6 个上下排列的根子，除去钢筋表面坚硬的氧化铁渣壳。润滑剂常用石灰、动植物油肥皂、白蜡和水按比例制成。

（2）影响冷拔质量的因素

影响冷拔质量的主要因素为原材料质量和冷拔点总压缩率。

为保证冷拔钢丝的质量，甲级钢丝采用符合 I 级热轧钢筋标准的圆盘条拔制。冷拔总压缩率（万）是指由盘条拔至成品钢丝的横截面缩减率。

总压缩率越大，则抗拉强度越高，但塑性降低也越多，因此，必须控制总压缩率。

四、钢筋配料

钢筋配料就是根据配筋图计算构件各钢筋的下料长度、根数及质量，编制钢筋配料单，作为备料、加工和结算的依据。

（一）钢筋配料单的编制

（1）熟悉图纸，编制钢筋配料单之前必须熟悉图纸，把结构施工图中钢筋的品种、规格列成钢筋明细表，并读出钢筋设计尺寸。

（2）计算钢筋的下料长度。

（3）填写和编写钢筋配料单。根据钢筋下料长度，汇总编制钢筋配料单。在配料单中，要反映出工程名称，钢筋编号，钢筋简图和尺寸，钢筋直径、数量、下料长度、质量等。

（4）填写钢筋料牌，根据钢筋配料单，每一编号的钢筋制作一块料牌，作为钢筋加工的依据。

（二）钢筋下料长度的计算原则及规定

1. 钢筋长度

钢筋下料长度与钢筋图中的尺寸是不同的。钢筋图中注明的尺寸是钢筋的外包尺寸，外包尺寸大于轴线长度，但钢筋经弯曲成形后，其轴线长度并无变化。因此钢筋应按轴线长度下料，如果钢筋长度大于要求长度，会导致保护层不够，或钢筋尺寸大于模板净空，既影响施工，又造成浪费。在直线段，钢筋的外包尺寸与轴线长度并无差别；在弯曲处，钢筋外包尺寸与轴线长度间存在一个差值，称为量度差。故钢筋下料长度应为各段外包尺寸之和减去量度差，再加上端部弯钩尺寸（称末端弯钩增长值）。

2. 混凝土保护层厚度

混凝土保护层是指受力钢筋外缘至混凝土构件表面的距离，其作用是保护钢筋在混凝土结构中不受锈蚀。无设计要求时应符合相关规定。

混凝土的保护层厚度，一般用水泥砂浆垫块或塑料卡垫在钢筋与模板之间来控制。塑料卡的形状有塑料垫块和塑料环圈两种。塑料垫块用于水平构件，塑料环圈用于垂直构件。

综上所述，钢筋下料的长度计算总结如下：

直钢筋下料长度＝直构件长度－保护层厚度＋弯钩增加长度

弯起钢筋下料长度＝直段长度＋斜段长度－弯折量度差值＋弯钩增加长度

箍筋下料长度＝直段长度＋弯钩增加长度－弯折量度差值

或箍筋下料长度＝箍筋周长＋箍筋调整值

（三）钢筋下料计算注意事项

（1）在设计图纸中，钢筋配置的细节问题没有注明时，一般按构造要求处理。

（2）配料计算时，要考虑钢筋的形状和尺寸，在满足设计要求的前提下，要有利于加工。

（3）配料时，还要考虑施工需要的附加钢筋。

五、钢筋代换

（一）代换原则及方法

当施工中遇到钢筋品种或规格与设计要求不符时，可参照以下原则进行钢筋代换：

1.等强度代换方法

当构件配筋受强度控制时，可按代换前后强度相等的原则代换，称作"等强度代换"。

2.等面积代换方法

当构件按最小配筋率配筋时，可遵循代换前后面积相等的原则进行代换，称"等面积代换"。

3.裂缝宽度或挠度验算

当构件配筋受裂缝宽度或挠度控制时，代换后应进行裂缝宽度或挠度验算。

（二）代换注意事项

钢筋代换时，应办理设计变更文件，并符合下列规定：

（1）重要受力构件（如吊车梁、薄腹梁、桁架下弦等）不宜用 HPB300 钢筋代换变形钢筋，以免裂缝开展过大。

（2）钢筋代换后，应满足混凝土结构设计规范中所规定的钢筋间距、锚固长度、最小钢筋直径和根数等配筋构造要求。

（3）梁的纵向受力钢筋与弯起钢筋应分别代换，以保证正截面与斜截面的强度。

（4）有抗震要求的梁、柱和框架，不宜以强度等级较高的钢筋代换原设计中的钢筋；如必须代换时，其代换的钢筋检验所得的实际强度应符合抗震钢筋的要求。

（5）预制构件的吊环必须采用未经冷拉的 HPB300 钢筋制作，并且严禁以其他钢筋代换。

（6）当构件受裂缝宽度或挠度控制时，钢筋代换后应进行刚度、裂缝验算。

六、钢筋的绑扎与机械连接

钢筋的连接方式可分为两类：绑扎连接、焊接或机械连接。

纵向受力钢筋的连接方式应符合设计要求。

机械连接接头和焊接连接接头的类型及质量应符合国家现行标准的规定。

（一）钢筋绑扎连接

钢筋绑扎安装前，应先熟悉施工图纸，核对钢筋配料单和料牌，研究钢筋安装和与有关工种配合的顺序，准备绑扎用的铁丝、绑扎工具、绑扎架等。钢筋绑扎一般用 12~22 号铁丝，其中 22 号铁丝只用于绑扎直径 12mm 以下的钢筋。

1. 钢筋绑扎要求

钢筋的交叉点应用铁丝扎牢。柱、梁的箍筋，除设计有特殊要求外，应与受力钢筋垂直；箍筋弯钩叠合处，应沿受力钢筋方向错开设置。柱中竖向钢筋搭接时，角部钢筋的弯钩平面与模板面的夹角，矩形柱应为 45°，多边形柱应为模板内角的平分角。

板、次梁与主梁交叉处，板的钢筋在上，次梁的钢筋居中，主梁的钢筋在下；当有圈梁或垫梁时，主梁的钢筋应放在圈梁上。主筋两端的搁置长度应一致。

2. 钢筋绑扎接头

同一构件中相邻纵向受力钢筋的绑扎搭接接头应相互错开。

（二）钢筋机械连接

1. 套筒挤压连接

套筒挤压连接是把两根待接钢筋的端头先插入一个优质钢套管，然后用挤压机在侧向加压数道，套筒塑性变形后即与带肋钢筋紧密咬合从而达到连接的目的。

2. 锥螺纹连接

锥螺纹连接是用锥形纹套筒将两根钢筋端头对接在一起，利用螺纹的机械咬合力传递拉力或压力。所用的设备主要是套丝机，其通常安放在现场对钢筋端头进行套丝。

3. 直螺纹连接

直螺纹连接是近年来开发的一种新的螺纹连接方式。它先把钢筋端部镦粗，然后再切削直螺纹，最后用套筒进行钢筋对接。

（1）等强直螺纹接头的制作工艺及其优点

等强直螺纹接头制作工艺分下列几个步骤：钢筋端部锚固；切削直螺纹；用连接套筒对接钢筋。

直螺纹接头的优点：强度高；接头强度不受扭紧力矩影响；连接速度快；应用范围广；经济；便于管理。

（2）接头性能

为充分发挥钢筋母材强度，连接套筒的设计强度需大于或等于钢筋抗拉强度标准值的 1.2 倍。

（3）接头类型

根据不同应用场合，接头可分为 6 种类型。

①标准型，正常情况下连接钢筋。

②加长型，用于转动钢筋困难的场合，通过转动套筒连接钢筋。

③扩口型，用于钢筋较难对中的场合。

④异径型，用于连接不同直径的钢筋。

⑤正反丝扣型，用于两端钢筋均不能转动而要求调节轴向长度的场合。

⑥加锁母型，用于钢筋完全不能转动，通过转动套筒连接钢筋，用锁母锁定套筒。

4. 钢筋机械连接接头质量检查与验收

工程中需要用钢筋机械连接时，应由该技术提供单位提交有效的检验报告。

钢筋连接工程开始前及施工过程中，应对每批进场钢筋进行接头工艺检验，工艺检验应符合设计图纸或规范要求。现场检验应进行外观质量检查和单向拉伸试验。接头的现场检验按验收批进行。对接头的每一验收批必须在工程结构中随机截取 3 个试件做单向拉伸试验，按设计要求的接头性能等级进行检验与评定。在现场应连续检验 10 个验收批。外观质量检验的质量要求、抽样数量、检验方法及合格标准由各类型接头的技术规程确定。

七、钢筋的焊接

钢筋常用的焊接方法有闪光对焊、电弧焊、电渣压力焊、埋弧压力焊和气压焊等。

钢筋焊接接头质量检查与验收应满足下列规定：

（1）钢筋焊接接头或焊接制品（焊接骨架、焊接网）应按 JGJ12-96 的规定进行质量检查与验收。

（2）钢筋焊接接头或焊接制品应分批进行质量检查与验收。质量检查应包括外观检查和力学性能试验。

（3）外观检查首先应由焊工对所焊接头或制品进行自检，然后再由质量检查人员进行检验。

（4）力学性能试验应在外观检查合格后随机抽取试件进行试验。

（5）钢筋焊接接头或焊接制品质量检验报告单中应包括下列内容：

①工程名称、取样部位；②批号、批量；③钢筋级别、规格；④力学性能试验结果；⑤施工单位。

（一）闪光对焊

根据钢筋级别、直径和所用焊机的功率，闪光对焊工艺可分为连续闪光焊、预热闪光焊和闪光—预热—闪光焊三种。

1. 连续闪光焊

连续闪光焊的工艺过程包括连续闪光和顶锻过程。施焊时，闭合电源使两钢筋端面轻微接触，此时端面接触点很快熔化并产生金属蒸气飞溅，形成闪光现象；接着缓慢移动钢筋，形成连续闪光过程，同时接头被加热；待接头烧平、闪去杂质和氧化膜，达到白热熔化时，立即施加轴向压力迅速进行顶锻，使两根钢筋焊牢。

连续闪光焊宜用于焊接直径25mm以内的HPB300、HRB335和HRB400钢筋。

2. 预热闪光焊

预热闪光焊的工艺过程包括预热、连续闪光及顶锻过程，即在连续闪光焊前增加了一次预热过程，使钢筋预热后再连续闪光烧化进行加压顶锻。

预热闪光焊适宜焊接直径大于25mm且端部较平坦的钢筋。

3. 闪光—预热—闪光焊

其是在预热闪光焊前面增加了一次闪光过程，使不平整的钢筋端面烧化平整、预热均匀，最后再进行加压顶锻。它适宜焊接直径大于25mm，且端部不平整的钢筋。

闪光对焊接头的质量检验，应分批进行外观检查和力学性能试验，并按下列规定抽取试件：

（1）在同一台班内，由同一焊工完成的300个同级别、同直径钢筋焊接接头应作为一批。当同一台班内焊接的接头数量较少，可在一周之内累计计算；累计仍不足300个接头，应按一批计算。

（2）外观检查的接头数量，应从每批中抽查 10%，但不得少于 10 个。

（3）力学性能试验时，应从每批接头中随机切取 6 个试件，其中 3 个做拉伸试验、3 个做弯曲试验。

（4）焊接等长的预应力钢筋（包括螺丝端杆与钢筋）时，可按生产时的同等条件制作模拟试件。

（5）螺丝端杆接头可做拉伸试验。

闪光对焊接头外观检查结果应符合下列要求：

（1）接头处不得有横向裂纹。

（2）与电接触处的钢筋表面，HPB300、HRB335 和 HRB400 钢筋焊接时不得有明显烧伤，RRB400 钢筋焊接时不得有烧伤。

（3）接头处的弯折角不得大于 4°。

（4）接头处的轴线偏移不得大于钢筋直径的 0.1 倍，且不得大于 2mm。

闪光对焊接头拉伸试验结果应符合下列要求：

（1）3 个热轧钢筋接头试件的抗拉强度均不得小于该级别钢筋规定的抗拉强度；余热处理 HRB400 钢筋接头试件的抗拉强度均不得小于热轧 HRB400 钢筋规定的抗拉强度 570MPa。

（2）应至少有 2 个试件断于焊缝之外，并呈延性断裂。

（3）预应力钢筋与螺丝端杆闪光对焊接头拉伸试验结果，3 个试件应全部断于焊缝之外，呈延性断裂。

（4）模拟试件的试验结果不符合要求时，需从成品中再切取试件进行复验，其数量和要求应与初始试验时相同。

（5）闪光对焊接头弯曲试验时，应将受压面的金属毛刺和微粗变形部分消除，且与母材的外表齐平。

（二）电弧焊

电弧焊是利用弧焊机使焊条与焊件之间产生高温电弧，使焊条和电弧燃烧范围内的焊件熔化，待其凝固便形成了焊缝或接头。

电弧焊广泛用于钢筋接头与钢筋骨架焊接、装配式结构接头焊接、钢筋与钢板焊接及各种钢结构焊接。

弧焊机有直流与交流之分，常用的是交流弧焊机。

焊条的种类很多，根据钢材等级和焊接接头形式选择焊条，如结420、结500等。

焊接电流和焊条直径应根据钢筋级别、直径、接头形式和焊接位置进行选择。

钢筋电弧焊的接头形式有三种：搭接接头、布条接头及坡口接头。

搭接接头的长度、帮条的长度、焊缝的宽度和高度均应符合规范的规定。

电弧焊接头在进行外观检查时，应在清渣后逐个进行目测或量测。

钢筋电弧焊接头外观检查结果，应符合下列要求：

（1）焊缝表面应平整，不得有凹陷或焊瘤。

（2）焊接接头区域不得有裂纹。

（3）咬边深度、气孔、夹渣等缺陷允许值及接头尺寸的允许偏差应符合规定。

（4）坡口焊、熔槽指条焊和窄间隙焊接头的焊缝余高不得大于3mm。

钢筋电弧焊接头拉伸试验结果应符合下列要求：

（1）3个热轧钢筋接头试件的抗拉强度均不得小于该级别钢筋规定的抗拉强度。

（2）3个接头试件均应断于焊缝之外，并应至少有2个试件呈延性断裂。

（三）电渣压力焊

电渣压力焊是利用电流通过渣池产生的电阻热将钢筋端部熔化，然后施加压力使钢筋焊合。

钢筋电渣压力焊分手工操作和自动控制两种。采用自动电渣压力焊时，主要设备是自动电渣焊机。

电渣压力焊的焊接参数为焊接电流、渣池电压和通电时间等，可根据钢筋直径选择。

电渣压力焊的接头应按规范规定的方法检查外观质量和进行试样拉伸试验。

电渣压力焊接头应逐个进行外观检查。

电渣压力焊接头外观检查结果应符合下列要求：

（1）四周焊包凸出钢筋表面的高度应大于或等于 4mm。

（2）钢筋与电极接触处应无烧伤缺陷。

（3）接头处的弯折角不得大于 4%。

（4）接头处的轴线偏移不得大于钢筋直径的 0.1 倍，且不得大于 2mm。

电渣压力焊接头拉伸试验结果，3 个试件的抗拉强度均不得小于该级别钢筋规定的抗拉强度。

（四）埋弧压力焊

埋弧压力焊是利用焊剂层下的电弧将两焊件的相邻部位熔化，然后再加压顶锻使两焊件焊合，具有焊后钢板变形小、抗拉强度高的特点。

（五）气压焊

钢筋气压焊是利用乙炔、氧气混合气体燃烧的高温火焰，加热钢筋接合端部，不待钢筋熔融使其高温下加压接合。

气压焊的设备包括供气装置、加热器、加压器和压接器等。

气压焊操作工艺：

施焊前，钢筋端头用切割机切齐，压接面应与钢筋轴线垂直，如稍有偏斜，两钢筋间距不得大于 3mm。

钢筋切平后，端头周边用砂轮磨成小八字角，并将端头附近 50~100mm 内钢筋表面上的铁锈、油渍和水泥清除干净。

施焊时，应先将钢筋固定于压接器上，并加以适当的压力使钢筋接触，然后将火钳火口对准钢筋接缝处，加热钢筋端部至 1100℃~1300℃，表面呈深红色时，当即加压油泵，对钢筋施以 40MPa 以上的压力。

八、钢筋的加工与安装

钢筋的加工有除锈、调直、下料剪切及弯曲成型。钢筋加工的形状、尺寸应符合设计要求。

1. 除锈

钢筋除锈一般可以通过以下两个途径：

大量钢筋除锈可在钢筋冷拉或钢筋调直机调直过程中完成。

少量的钢筋局部除锈可采用电动除锈机或人工用钢丝刷、砂盘以及喷砂和酸洗等方法去除。

2. 调直

钢筋调直宜采用机械方法，也可以采用冷拉。局部曲折、弯曲或成盘的钢筋在使用前应加以调直。钢筋调直方法很多，常用的方法是使用卷扬机拉直和用调直机调直。

3. 切断

切断前应将同规格钢筋长短搭配，统筹安排，一般先断长料后断短料，以减少短头和损耗。

钢筋切断可用钢筋切断机或手动剪切器。

4. 弯曲成型

钢筋弯曲的顺序是画线、试弯、弯曲成型。

画线主要根据不同的弯曲角在钢筋上标出弯折的部位，以外包尺寸为依据，扣除弯曲量度差值。

钢筋弯曲有人工弯曲和机械弯曲。

5. 安装检查

钢筋安置位置的偏差应符合规定。

第十四节 混凝土工程技术实践

混凝土工程包括配料、搅拌、运输、浇筑、振捣和养护等工序。各施工工序对混凝土工程质量都有很大影响。因此，要使混凝土工程施工能保证结构具有设计的外形和尺寸，确保混凝土结构的强度、刚度、密实性、整体性及满足设计和施工的特殊要求，必须严格保证混凝土工程每道工序的施工质量。

一、混凝土的原料

水泥进场时应对品种、级别、包装或散装仓号和出厂日期等进行检查。

当使用中对水泥质量有怀疑或水泥出厂超过 3 个月（快硬硅酸盐水泥超过一个月）时，应进行复验，并依据复验结果使用。

在钢筋混凝土结构和预应力混凝土结构中，严禁使用含氯化物的水泥。

混凝土原材料每盘称量的偏差应符合规定。

二、混凝土的施工配料

混凝土应按国家现行标准的有关规定，根据混凝土强度等级、耐久性和工作性等要求进行配合比设计。

施工配料时影响混凝土质量的因素主要有两方面：一是称量不准；二是未按砂、石骨料实际含水率的变化进行施工配合比的换算。

混凝土的配合比是在实验室根据混凝土的施工配制强度经过试配和调整而确定的，因此称为实验室配合比。

实验室配合比所用的砂、石都是不含水分的。而施工现场的砂、石一般都含有一定的水分，且砂、石含水率的大小随当地气候条件不断发生变化。因此，为保证混凝土配合比的质量，在施工中应适当扣除使用砂、石的含水量，经调整后的配合比称为施工配合比。施工配合比可以经对实验室配合比做如下调整得出：

配制泵送混凝土的配合比时，骨料最大粒径与输送管内径之比，对碎石不宜大于工 1 ∶ 3，卵石不宜大于 1 ∶ 2.5，通过 0.315mm 筛孔的砂不应少于 15%；砂率宜控制在 40%~50%；最小水泥用量宜为 300kg/m^2；混凝土的坍落度宜为 80~180mm；混凝土内宜掺加适量的外加剂。泵送轻骨料混凝土的原材料选用及配合比，应由试验确定。

三、混凝土的搅拌

混凝土搅拌是将水、水泥和粗细骨料进行均匀拌和及混合的过程。同时，通过搅拌还要使材料达到强化、塑化的作用。混凝土可采用机械搅拌和人工搅拌。搅拌机械分为自落式搅拌机和强制式搅拌机。

（一）混凝土搅拌机

混凝土搅拌机按搅拌原理分为自落式和强制式两类。

自落式搅拌机多用于搅拌塑性混凝土和低流动性混凝土，根据其构造的不同又分为若干种。

强制式搅拌机多用于搅拌干硬性混凝土和轻骨料混凝土，也可用于搅拌低流动性混凝土。强制式搅拌机又分为立轴式和卧轴式两种。卧轴式有单轴、双轴之分，而立轴式又分为涡桨式和行星式。

（二）混凝土搅拌

1.搅拌时间

混凝土的搅拌时间：从砂、石、水泥和水等全部材料投入搅拌筒起，到开始卸料为止所经历的时间。

搅拌时间与混凝土的搅拌质量密切相关，并且随搅拌机类型和混凝土的和易性不同而变化。

在一定范围内，随着搅拌时间的延长，其强度也会有所提高，但过长时间的搅拌既不经济，而且混凝土的和易性还会降低，影响混凝土的质量。

加气混凝土还会因搅拌时间过长而使含气量下降。

2.投料顺序

投料顺序应从提高搅拌质量，减少叶片、衬板的磨损，减少拌和物与搅拌筒的粘结，减少水泥飞扬，提高工作环境，提高混凝土强度及节约水泥等方面综合考虑确定。常用一次投料法和二次投料法。

（1）一次投料法是在上料斗中先装石子，再加水泥和砂，然后一次投入搅拌筒中进行搅拌。

自落式搅拌机要在搅拌筒内先加部分水，投料时砂压住水泥，使水泥不飞扬，而且水泥和砂先进搅拌筒形成水泥砂浆，可缩短水泥包裹石子的时间。

强制式搅拌机出料口在下部，不能先加水，应在投入原材料的同时，缓慢均匀分散地加水。

（2）二次投料法是先向搅拌机内投入水和水泥（和砂），待其搅拌 1min 后再投入石子和砂继续搅拌到规定时间。这种投料方法，能改善混凝土性能，提高混凝土的强度，在保证规定的混凝土强度的前提下节约水泥。

目前常用的方法有两种：预拌水泥砂浆法和预拌水泥净浆法。

预拌水泥砂浆法是指先将水泥、砂和水加入搅拌筒内进行充分搅拌，等其成为均匀的水泥砂浆后，再加入石子搅拌成均匀的混凝土。

预拌水泥净浆法是先将水泥和水充分搅拌成均匀的水泥净浆后，再加入砂和石子搅拌成混凝土。

与一次投料法相比，二次投料法可使混凝土强度提高 10%~15%，节约水泥 15%~20%。用水泥裹砂石法混凝土搅拌工艺拌制的混凝土称为造壳混凝土（简称 SEC 混凝土）。它是分两次加水，两次搅拌。先将全部砂、石子和部分水倒入搅拌机拌和，使骨料湿润，称为造壳搅拌。搅拌时间以 45~75s 为宜，再倒入全部水泥搅拌 20s，加入拌和水和外加剂进行第二次搅拌，60s 左右完成，这种搅拌工艺称为水泥拌砂法。

3. 进料容量

进料容量是将搅拌前各种材料的体积累积起来的容量，又称干料容量。

进料容量与搅拌机搅拌筒的几何容量有一定比例关系。进料容量约为出料容量的 1.4~1.8 倍（通常取 1.5 倍），如任意超载（超载 10%）就会使材料在搅拌筒内无充分的空间进行拌和，影响混凝土的和易性。反之，装料过少，又不能充分发挥搅拌机的效能。

四、混凝土的运输

（一）混凝土运输的要求

运输中的全部时间不应超过混凝土的初凝时间。

运输中应保持匀质性，不应产生分层离析现象，不应漏浆；运至浇筑地点应具有规定的坍落度，并保证混凝土在初凝前能有充分的时间进行浇筑。

混凝土的运输道路要求平坦，应以最少的运转次数和最短的时间从搅拌地点运至浇筑地点。

从搅拌机中卸出到浇筑完毕的延续时间不能超过相应规定。

（二）运输工具的选择

混凝土运输分地面水平运输、垂直运输和楼面水平运输三种。

地面运输时，短距离多用双轮手推车、机动翻斗车，长距离宜用自卸汽车、混凝土搅拌运输车。

垂直运输可采用各种井架、龙门架和塔式起重机作为垂直运输工具。对于浇筑量大、浇筑速度比较稳定的大型设备基础和高层建筑，宜采用混凝土泵，也可采用自升式塔式起重机或爬升式塔式起重机运输。

（三）泵送混凝土

混凝土用混凝土泵运输，通常称为泵送混凝土。常用的混凝土泵有液压柱塞泵和挤压泵两种。

混凝土输送管有直管、弯管、锥形管和浇筑软管等，一般由合金钢、橡胶、塑料等材料制成，常用混凝土输送管的管径为 100~150mm。

泵送混凝土对原材料的要求：

（1）粗骨料：碎石最大粒径与输送管内径之比不宜大于 1∶3；卵石不宜大于 1∶2.5。（2）砂：以天然砂为宜，砂率宜控制在 40%~50%，通过 0.315mm 筛孔的砂不少于 15%。（3）水泥：最少水泥用量为 300kg/m^2，坍落度宜为 80~180mm，混凝土内宜适量掺入外加剂。泵送轻骨料混凝土的原材料选用及配合比应通过试验确定。

（四）泵送混凝土施工中应注意的问题

输送管的布置应短直，尽量减少弯管数，转弯放缓，管段接头要严密，少用锥形管。

混凝土的供料应保证混凝土泵能连续工作，不间断；正确选择骨料级配，严格控制配合比。

泵送前，为减少泵送阻力，应先用适量与混凝土内成分相同的水泥浆或水泥砂浆润滑输送管内壁。

泵送过程中，泵的受料斗内应充满混凝土，防止吸入空气形成阻塞。

防止停歇时间过长，若停歇时间超过 45min，应立即用压力或其他方法冲洗管内残留的混凝土；泵送结束后，要及时清洗泵体和管道；用混凝土泵浇筑的建筑物，要加强养护，防止龟裂。

五、混凝土的浇筑与振捣

（一）混凝土浇筑前的准备工作

混凝土浇筑前，应对模板、钢筋、支架和预埋件进行检查。检查模板的位置、标高、尺寸、强度和刚度是否符合要求，接缝是否严密，预埋件位置和数量是否符合图纸要求。

检查钢筋的规格、数量、位置、接头和保护层厚度是否正确；清理模板上的垃圾和钢筋上的油污，浇水湿润木模板；填写隐蔽工程记录。

（二）混凝土的浇筑

1.混凝土浇筑的一般规定

混凝土浇筑前不应发生离析或初凝现象，如已发生，须重新搅拌。混凝土运至现场后，其坍落度应满足实际要求。

混凝土自高处倾落时，其自由倾落高度不宜超过 2m；若混凝土自由下落高度超过 2m，应设串筒、斜槽、溜管或振动溜管等。

混凝土的浇筑工作应尽可能连续进行。混凝土的浇筑应分段、分层连续进行，随浇随捣。在竖向结构中浇筑混凝土时，不得发生离析现象。

2.施工缝的留设与处理

如果由于技术或施工组织上的原因，不能对混凝土结构一次连续浇筑完毕，而必须停歇较长的时间，其停歇时间已超过混凝土的初凝时间，致使混凝土已初凝，当继续浇混凝土时，形成了接缝，即为施工缝。

（1）施工缝的留设位置

施工缝设置的原则，一般宜设于结构受力（剪力）较小且便于施工的部位。

柱子的施工缝宜留在基础与柱子交接处的水平面上，或梁的下面，或吊车梁牛腿的下面、吊车梁的上面、无梁楼盖柱帽的下面。

高度大于 1m 的钢筋混凝土梁的水平施工缝应留在楼板底面下 20~30mm 处，当板下有梁托时应留在梁托下部；单向平板的施工缝，可留在平行于短边的任何位置处；对于有主次梁的楼板结构，宜顺着次梁方向浇筑，施工缝应留在次梁跨度的中间 1/3 范围内。

（2）施工缝的处理

施工缝处继续浇筑混凝土时，应待到混凝土的抗压强度不小于 1.2MPa 方可进行。

施工缝浇筑混凝土之前，应除去施工缝表面的水泥薄膜、松动石子和软弱的混凝土层，并充分湿润和冲洗干净，不得有积水。

浇筑时，施工缝处宜先铺一层水泥浆（水泥：水 =1：0.4），或与混凝土成分相同的水泥砂浆，厚度为 30~50mm，以保证接缝的质量。浇筑过程中，施工缝应细致捣实，使其紧密结合。

3. 混凝土的浇筑方法

（1）多层钢筋混凝土框架结构的浇筑

浇筑框架结构首先要划分施工层和施工段，施工层一般按结构层划分，而每一施工层的施工段划分需考虑工序数量、技术要求和结构特点等。

混凝土的浇筑顺序：先浇捣柱子，在柱子浇捣完毕后，停歇 1~1.5h，使混凝土达到一定强度后，再浇捣梁和板。

（2）大体积钢筋混凝土结构的浇筑

大体积钢筋混凝土结构多为工业建筑中的设备基础及高层建筑中厚大的桩基承台或基础底板等。特点是混凝土浇筑面和浇筑量大、整体性要求高、不能留施工缝，以及浇筑后水泥的水化热量大且聚集在构件内部，形成较大的内外温差，易造成混凝土表面产生收缩裂缝等。

为保证混凝土浇筑工作连续进行，不留施工缝，应在下一层混凝土初凝之前，将上一层混凝土浇筑完毕。

大体积钢筋混凝土结构的浇筑方案，一般分为全面分层、分段分层和斜面分层三种。

全面分层：在第一层浇筑完毕后，再回头浇筑第二层，如此逐层浇筑，直至完工为止。

分段分层：混凝土从底层开始浇筑，进行 2~3m 后再回头浇第二层，同样依次浇筑各层。

斜面分层：要求斜坡坡度不大于 1/3，适用于结构长度大大超过厚度 3 倍的情况。

（三）混凝土的振捣

振捣方式分为人工振捣和机械振捣两种。

（1）人工振捣

利用捣锤或插钎等工具的冲击力来使混凝土密实成型，其效率低、效果差。

（2）机械振捣

将振动器的振动力传给混凝土，使之发生强烈振动而密实成型，其效率高、质量好。

混凝土振动机械按其工作方式分为内部振动器、表面振动器、外部振动器和振动台等。这些振动机械的构造原理，主要是利用偏心轴或偏心块的高速旋转，使振动器因离心力的作用而振动。

（1）内部振动器

内部振动器又称插入式振动器，其适用于振捣梁、柱、墙等构件和大体积混凝土。

插入式振动器操作要点：

插入式振动器的振捣方法有两种：一是垂直振捣，即振动棒与混凝土表面垂直；二是斜向振捣，即振动棒与混凝土表面成 $40° \sim 45°$。

振捣器的操作要做到快插慢拔，插点要均匀，逐点移动，顺序进行，不得遗漏，从而达到均匀振实。振动棒的移动可采用行列式或交错式。

混凝土分层浇筑时，应将振动棒上下来回抽动 $50 \sim 100mm$；同时，还应将振动棒深入下层混凝土中 $50mm$ 左右。

使用振动器时，每一振捣点的振捣时间一般为 $20 \sim 30s$，且不允许将其支承在结构钢筋上或碰撞钢筋，不宜紧转模板振捣。

（2）表面振动器

表面振动器又称平板振动器，是将电动机轴上装有左右两个偏心块的振动器固定在一块平板上而成。其振动作用可直接传递于混凝土面层上。

这种振动器适用于振捣楼板、空心板、地面和薄壳等薄壁结构。

（3）外部振动器

外部的振动器又称附着式振动器，它是直接安装在模板上进行振捣，利用偏心块旋转时产生的振动力通过模板传给混凝土，达到振实的目的。

外部振动器适用于振捣断面较小或钢筋较密的柱子、梁、板等构件。

（4）振动台

振动台一般在预制厂用于振实干硬性混凝土和轻骨料混凝土。

宜采用加压振动的方法，加压力为 $1\sim3kN/m^2$。

六、混凝土的养护

混凝土的凝结硬化是水泥水化作用的结果，而水泥水化作用必须在适当的温度和湿度条件下才能进行。混凝土的养护就是使混凝土具有一定的温度和湿度，从而逐渐硬化。混凝土养护分自然养护和人工养护。自然养护就是在常温（平均气温不低于5℃）下，用浇水或保水方法使混凝土在规定期间有适宜的温湿条件进行硬化。人工养护就是人工控制混凝土的温度和湿度，使混凝土强度增长，如蒸汽养护、热水养护、太阳能养护等，现浇结构多采用自然养护。

混凝土自然养护是对已浇筑完毕的混凝土进行覆盖和浇水，应符合下列规定：应在浇筑完毕后的 12d 内对混凝土进行覆盖和浇水。混凝土浇水养护的时间，对采用硅酸盐水泥、普通硅酸盐水泥或矿渣硅酸盐水泥拌制的混凝土不得少于 7d；对掺用缓凝型外加剂或有抗渗性要求的混凝土，不得少于 14d。浇水次数以能使混凝土保持湿润状态为宜。混凝土的养护用水应与拌制用水相同。

对不易浇水养护的高耸结构、大面积混凝土或缺水地区，可在已凝结的混凝土表面喷涂塑性溶液，等溶液挥发后可形成塑性膜，使混凝土与空气隔绝，阻止水分蒸发，以保证水化作用正常进行。

对地下建筑或基础，可在其表面涂刷沥青乳液，以防混凝土内水分蒸发。已浇筑的混凝土，强度达到 $1.2N/mm^2$ 后，方允许在其上往来人员或者进行施工操作。

七、混凝土的质量检查与缺陷防治

混凝土质量检查包括施工过程中的质量检查和养护后的质量检查。

1. 混凝土在拌制和浇筑过程中的质量检查

混凝土在拌制和浇筑过程中应按下列规定进行检查：

第一，检查拌制混凝土所用原材料的品种、规格和用量，每一工作班至少两次。混凝土拌制时，原材料每盘称量的偏差不得超过允许偏差的规定。

第二，检查混凝土在浇筑地点的坍落度，每一工作班至少两次；当采用预拌混凝土时，应在商定的交货地点进行坍落度检查。实测坍落度与要求坍落度之间的允许偏差应符合要求。

第三，在每一个工作班内，当混凝土配合比由于外界影响有变动时，应及时检查调整。

第四，混凝土的搅拌时间应随时检查，检查其是否满足规定的最短搅拌时间要求。

2. 检查预拌混凝土厂家提供的技术资料

如果使用商品混凝土，应检查混凝土厂家提供的下列技术资料：

第一，水泥品种、标号及每立方米混凝土中的水泥用量。

第二，骨料的种类和最大粒径。

第三，外加剂、掺合料的品种及掺量。

第四，混凝土强度等级和坍落度。

第五，混凝土配合比和标准试件强度。

第六，对轻骨料混凝土还应提供密度等级。

3. 混凝土质量的试验检查

检查混凝土质量应进行抗压强度试验。对有抗冻、抗渗要求的混凝土，还应进行抗冻性、抗渗性等试验。

用于检查结构构件混凝土质量的试件，应在混凝土的浇筑地点随机取样制作。试件的留置应符合下列规定：

第一，每拌制 100 盘且不超过 100m³ 的同配合比混凝土，取样不得少于一次。

第二，每工作班拌制的同配合比的混凝土不足 100 盘时，取样不得少于一次。

第三，对现浇混凝土结构，每一现浇楼层同配合比的混凝土取样不得少于一次；同一单位工程每一验收项目中同配合比的混凝土取样不得少于一次。

混凝土取样时，均应做成标准试件（边长为 150mm 标准尺寸的立方体试件），每组三个试件应在同盘混凝土中取样制作，并在标准条件下［温度（20±3）℃，相对湿度为 90% 以上］，养护至 28d 龄期，按标准试验方法，测得混凝土立方体的抗压强度。取三个试件强度的平均值作为该组试件的混凝土强度代表值；或者当三个试件强度中的最大值或最小值之一与中间值之差超过中间值的 15% 时，取中间值作为该组试件的混凝土强度的代表值；当三个试件强度中的最大值和最小值与中间值之差均超过中间值的 15%，则该组试件不应作为强度评定的依据。

第三章　房屋建筑工程理论

第一节　工程力学与工程结构

一、工程力学的研究对象

在生产、生活中，人们为了满足不同的使用要求建造了各种类型的建筑物。在建筑物中，承受荷载并传递荷载起骨架作用的部分称为结构，组成结构的单个物体称为构件。

工程力学的研究对象是工程结构。工程力学是讨论工程结构的受力分析、承载能力的一门学科。它既是土建和交通运输类专业学生必修的一门专业基础课，也是从事市政、桥梁等土建工程设计、施工、管理人员所必须具备的理论基础。

二、杆的基本变形形式

（1）轴向拉伸或压缩：杆件受到与杆轴线重合的一对大小相等、方向相反、作用在同一直线上的外力作用而引起的变形。

（2）剪切：杆件受到一对大小相等、方向相反、作用线相距很近且与轴线垂直的平行外力作用而引起的变形。

（3）扭转：杆件受到一对大小相等、方向相反、作用面与轴线垂直的外力偶作用而引起的变形。

（4）弯曲：杆件受到一对大小相等、方向相反、作用在杆纵向对称面内的力偶作用而引起的变形。

三、工程力学的任务

建筑工程结构的主要任务是承受和传递荷载。在进行结构设计时，无论是工业厂房还是民用建筑、公共建筑，它们的结构及组成结构的各构件都相对于地面保持着静止状态，这种状态在工程上称为平衡状态。当结构承受和传递荷载时，各构件都必须能够正常工作，这样才能保证整个结构的正常使用。为此，首先要求构件在受到荷载作用时不发生破坏；其次是把各种构件按一定的规律组合，并确保在外部因素影响下结构的几何形状和尺寸不会发生改变，这个建筑物才可以安全、正常地使用。所以，工程力学的主要任务是讨论和研究建筑结构及构件在荷载或其他因素（如支座移动、温度变化等）作用下的工作状况，其可归纳为以下几个方面的内容：

（1）力系的简化和平衡问题：研究和分析此问题时，应将研究对象视为刚体。所谓刚体，是指在任何外力作用下，其形状都不会改变的物体，即物体内任意两点间的距离都不会改变的物体。

（2）强度问题：研究材料、构件和结构抵抗破坏的能力。一个结构（或构件）满足了强度要求，在正常使用中就不会发生破坏；反之，强度不足就会破坏，使人民的生命和财产受到威胁。

（3）刚度问题：研究构件和结构抵抗变形的能力。任何结构（或构件）在荷载作用下都会发生变形，如果变形过大，就会影响结构或构件的正常使用。所以，工程上要求结构（或构件）必须具有足够的刚度，以确保结构在正常工作时产生的变形限制在工程所容许的范围内。

（4）稳定性问题：研究的构件和结构在外力作用下保持其原有平衡状态的能力。建筑物中的构件如果丧失了平衡能力，其后果非常严重，会导致整个建筑物坍塌，酿成事故。因此，结构或构件必须满足稳定性要求。

（5）结构体系的几何组成规则问题：目的在于保证结构各部分不会发生相对运动。

一个结构（或构件）要满足强度、刚度和稳定性的要求并不难，只要选择较好的材料和较大截面就能可以。但是，这样做势必造成优材劣用、大材小用，导致材料的浪费。于是，在建筑物设计中，安全可靠与经济合理就形成了矛盾。工程力学就是力求解决这个矛盾，在保证安全的前提条件下，合理、经济地进行工程设计，提高经济效益。

四、变形固体的基本假设

变形固体是指在外力作用下产生变形的物体。变形固体的实际组成和结构是很复杂的，为了分析和简化计算，将其抽象为理想模型并提出以下基本假设：

（1）完全弹性假设：变形固体在外力作用下发生变形，当外力撤去后，构件的变形便可完全消失，这种变形称为弹性变形；外力撤去后，不能恢复的变形称为塑性变形或残余变形。在工程力学中，要求结构只发生弹性变形。

（2）均匀连续性假设：组成变形固体的物质均匀、连续、无空隙地充满了整个体积，而且各点处的性质完全相同。

（3）各向同性假设：变形固体在各个不同的方向具有相同的力学性能。

采用以上假设建立力学模型，大大方便了理论研究和计算方法的推导。尽管所得结果只具有近似的准确性，但精确度已能满足一般的工程要求。

五、建筑物的结构类型

在实际工程中，建筑物的结构形式是多种多样的，按其几何特征可分为三种类型：

（1）杆系结构：这是指由若干杆件通过适当方式相互连接组成的结构体系。杆件的几何特征是其长度方向的尺寸远大于横截面上两个方向的尺轴线为直线的杆称为直杆，轴线为曲线的杆称为曲杆，如刚架、桁架等。

（2）薄壁结构：薄壁结构也称为板壳结构，是指厚度远小于其他两个方向尺寸的结构。其中，表面为平面形状者为板，表面为曲面形状者为壳。例如，一般的钢筋混凝土楼面均为平板结构，一些特殊形式的建筑，如悉尼歌剧院的屋面以及一些穹形屋顶就是壳体结构。

（3）实体结构：实体结构也称为块体结构，是指长、宽、高三个方向尺寸相仿的结构，如重力式挡土墙、水坝和建筑物基础等。

六、建筑结构的分类

在建筑物中承受和传递荷载而起骨架作用的部分称为结构。组成结构的各个部件称为构件。在工业与民用建筑中，由屋架、梁、板、柱、墙体和基础等构件组成并能满足预定功能要求的承力体系，称为建筑结构。

（一）建筑结构按所用材料分类

建筑结构按所用材料可分为砌体结构、混凝土结构、钢结构和钢 - 混凝土组合结构等。

（1）砌体结构是以砌体材料为主，并根据需要配置适量钢筋组成的结构，其是公路桥梁常采用的结构。代表性建筑有万里长城、河北赵州桥等。

（2）混凝土结构是以混凝土为主要材料，并根据需要在其内部配置钢材而制成的结构。混凝土结构包括：不配置钢材或不考虑钢筋受力的素混凝土结构；配有受力的普通钢筋、钢筋网或钢筋骨架的钢筋混凝土结构；配有受力的预应力钢筋，通过张拉预应力钢筋或其他方法建立预加应力的预应力混凝土结构；将由型钢或钢板焊成的钢骨架作为配筋的钢骨架混凝土结构；由钢管和混凝土组成的钢管混凝土结构。

（3）钢结构是指以钢材为主要材料制成的结构。代表性的建筑有国家体育馆——鸟巢、上海卢浦大桥、中央电视台新台址 CCTV 主楼钢结构等。

（4）钢－混凝土组合结构是将钢部件和混凝土或钢筋混凝土部件组合成整体共同工作的一种结构，其兼具钢结构和钢筋混凝土结构的一些特性。其可用于多层和高层建筑中的楼面梁、桁架、板、柱；屋盖结构中的屋面板、梁、桁架；厂房中的柱及工作平台梁、板以及桥梁；在我国还用于厂房中的吊车梁。

（二）建筑结构按受力和构造特点分类

建筑结构按受力和构造特点不同可分为混合结构、框架结构、框架－剪力墙结构、剪力墙结构、筒体结构、大跨结构等。其中，大跨结构常采用悬索结构、薄壳结构、网架结构及膜结构等。

1. 混合结构

混合结构体系的墙体、基础等竖向构件采用砌体结构；楼盖、屋盖等水平构件采用钢筋混凝土梁板结构。混合结构房屋有较大的刚度和较好的经济指标，但砌体强度相对较低，抗震性能差，砌筑工程繁重。一般6层或6层以下的楼房，如住宅、宿舍、办公室、学校、医院等民用建筑以及中小型工业建筑都可采用混合结构。

2. 框架结构

框架结构由横梁、立柱以及基础组成主要承重体系。框架结构房屋建筑平面布置灵活，可获得较大的使用空间，但其刚度小、水平位移大等缺点限制了房屋高度的增加，一般仅用于6~15层的多层和高层房屋中。

3. 框架－剪力墙结构

随着建筑物高度的增加，水平荷载将起主要作用，房屋需要很大的抗侧移能力。剪力墙就是以承受水平荷载为主要目的（同时也应该承受相应范围内的竖向荷载）而在房屋结构中设置的成片钢筋混凝土墙体。在框架－剪力墙结构中，剪力墙承受绝大部分水平荷载，框架主要以承受竖向荷载为主。剪力墙在一定程度上限制了建筑平面的灵活性。这种体系一般用于办公楼、旅馆、住宅及一些工业厂房中，层数宜在16~25层。

4. 剪力墙结构

当建筑物高度更高时，横向水平荷载已对结构设计起抑制作用，为了提高结构的抗侧移刚度，剪力墙的数量与厚度均需增加，这时宜采用全剪力墙结构。剪力墙结构是由纵横向的钢筋混凝土墙体组成的承重体系，一般用于 21~30 层以上的房屋。由于剪力墙结构的房屋平面布置极不灵活，所以一般常用于住宅、旅馆等建筑。

5. 筒体结构

将房屋的剪力墙集中到房屋的外部或内部组成一个竖向、悬臂的封闭箱体时，可以大大提高房屋的整体空间受力性能和抗侧移能力，这种封闭的箱体称为筒体。筒体和框架结合形成框筒结构。内筒和外筒结合（两者之间用很强的连系梁连接）形成筒中筒结构。筒体结构一般用于 30 层以上的超高层房屋。

6. 大跨结构

大跨结构通常是指跨度在 30m 以上的结构，主要用于民用建筑的影剧院、体育馆、展览馆、大会堂、航空港以及其他大型公共建筑。在工业建筑中则主要用于飞机装配车间、飞机库和其他大跨度厂房。

（1）排架结构

排架结构是一般钢筋混凝土单层厂房的常用结构形式，其屋架（或屋面梁）与柱顶交接，柱下端嵌固于基础顶面（刚接）。

（2）刚架结构

刚架是一种梁柱合一的结构构件，其横梁和立柱整体现浇在一起（刚接），交接处会形成刚接点。钢筋混凝土刚架结构常用作中小型厂房的主体结构，有三铰、两铰及无铰等形式，可以做成单跨或多跨结构。

（3）拱结构

拱是以承受轴压力为主的结构。由于拱的各截面上的内力大致相等，因而拱结构是一种有效的大跨度结构，在桥梁和房屋中都有广泛的应用。拱同样可分为三铰、两铰及无铰等形式。

（4）薄壳结构

薄壳结构是一种以受压为主的空间受力曲面结构，其曲面很薄（壁厚往往小于曲面主曲率的 1/20），不至于产生非常明显的弯曲应力，但可以承受曲面内的轴力和剪力。薄壳的形式很多，如扁梁、球壳、筒壳和扭壳等，都是由曲面变化而来的形式。

（5）网架结构

网架是由平面桁架发展而来的一种空间受力结构。在节点荷载作用下，网架杆件主要承受轴力。网架结构的杆件多用钢管或角钢制作，其节点为空心球节点或钢板焊接节点。网架结构按外形可划分为平板网架和曲面网架。

（6）悬索结构

悬索结构广泛应用于桥梁结构，或者用于大跨度建筑物，如体育建筑（体育馆、游泳馆、大运动场等）、工业车间、文化生活建筑（陈列馆、市场等）以及特殊构筑物。悬索结构包括索网、侧边构件及下部支承结构。这种结构往往造型轻盈、美观。例如，日本代代木体育馆采用高张力缆索为主体的"海螺"式悬索屋顶结构，用数根自然下垂的钢索牵引主体结构的各个部位，可以创造出带有紧张感、力动感的大型内部空间，特异的外部造型给人很强的视觉冲击。

七、建筑结构的功能要求

对一个建筑物而言，无论采用什么材料或采用什么结构类型，都是为了满足某些预定功能。设计建造的建筑结构在规定的设计使用年限内，应满足下列功能要求：

（1）安全性。结构在正常施工和正常使用时能承受可能出现的各种作用，在设计规定的偶然事件（如地震、爆炸等）发生时和发生后，仍能保持必需的整体稳定。

（2）适用性。结构在正常使用条件下具有良好的工作性能。例如，不发生过大的变形或振幅，以及不出现过宽的裂缝。

（3）耐久性。结构在正常维护下具有足够的耐久性能，可以完好使用到设计规定的年限，即设计使用年限。

第二节 建筑构造

一、按建筑物的用途分类

按建筑物的用途可分为民用建筑和工业建筑两大类。民用建筑按其使用功能又可分为居住建筑和公共建筑。居住建筑是供人们生活起居用的建筑物，有住宅、集体宿舍等。公共建筑是供人们政治、社会、文化活动、行政办公以及其他公共事业所需的建筑物，如行政办公楼、医院、学校、图书馆、剧院、商店、旅馆、体育馆等。工业建筑是指用以从事工业生产的各种建筑物，如各类冶金工业、机械制造工业、轻化工业厂房、发电站、仓库等。

二、按建筑物主要承重结构材料分类

（一）砖木结构建筑

砖木结构建筑物的墙、柱用砖，楼板、屋架用木材。为了节约木材，这类建筑在我国已很少采用。

（二）混合结构建筑

混合结构建筑是用砖墙、钢筋混凝土楼板、钢筋混凝土屋顶构成的建筑物。

（三）钢筋混凝土结构建筑

钢筋混凝土结构建筑是指梁、柱、楼板、屋顶均用钢筋混凝土，墙用砖、混凝土或其他材料的建筑物。

（四）钢结构建筑

建筑物的梁、柱、屋架等承重构件用钢材，楼板主要为钢筋混凝土，墙用砖或其他材料。

第三节　建筑结构体系

一、结构概述

（一）结构

"结构"的简单定义就是建筑中承重的骨架，承受建筑的自重和外界的各种荷载，并将它们传递到建筑的地基上。要了解结构，就必须要掌握有关结构体系的知识以及实现结构体系的方式。人们可按照外形和基本的物理性能来识别和理解构件以及由构件组成的结构系统。

依据基本的几何形状，构件大致可分成线状和面状构件，前者又可分为直线状和曲线状，后者也可分为平面状和曲面状，同时，曲面状的结构有单曲面和双曲面之分。另一种基本的分类是基于刚度，分为刚性构件和柔性构件。刚性构件在荷载作用下只能发生小的变形，没有显著的外形变化；而柔性构件在一种荷载条件下，就形成一种外形，当荷载条件发生变化时，则构件外形随之又发生大的变化。像木材、钢筋混凝土等许多材料本质上属于刚性，而钢材有时属于刚性，有时属于柔性，可以视具体情况而定。例如，钢梁为刚性构件，钢索则为柔性构件。

按照构件的空间布置，又可分为单向结构体系和双向结构体系。对前者，结构单向传递荷载；对后者，荷载传递比较复杂，至少双向传递。跨越在两个支座上的一根梁就是单向结构体系的例子，而搁置在四条连续边界上的刚性方板属于双向结构体系。

（二）梁与柱

梁与柱是建筑工程中最基本的构件，由水平的刚性梁连接在竖向的刚性柱上形成的结构十分普遍，到处可见。这些水平构件被称为"梁"，承受着作用在其上的横向力，并将力传递到支承这个梁的竖向构件上；这些竖向构件，被称为"柱"，沿着它的轴向受力，并将所受的力传递到地面。很少有建筑不使用梁的，梁常常被说成是靠"弯曲"来承载的，因为受到横向荷载后梁会被弯成弓状。弯曲会使梁产生内力和变形，在梁的任何截面处，梁的上部纤维受压缩短，而下部纤维受拉伸长。

（三）框架

框架结构是一种由线状构件（典型的是梁和柱）所组成的结构，构件之间在端部相互连接，连接处称为"节点"。虽然节点作为整体在受力后可转动，但是认为相连的构件之间没有相对转角发生。框架结构对跨度大的和跨度小的建筑都适用，一些框架最简单的形式之一是由两根柱和一根刚性连接的梁所组成的单跨框架，将梁分成两段形成倾斜的、有屋盖顶点的那种机架称为人字形框架。单跨框架的概念可以扩展到多个单元的框架。例如，水平方向扩展可形成多个节间的框架，竖向扩展可形成多个楼层的框架。

框架结构不仅能抵抗竖向荷载，而且也能抵抗水平荷载。当框架梁受到竖向荷载后，梁发生挠曲变形，梁端部趋于转角变形。另外，梁端与柱顶是刚性连接，梁端难以自由地转动，因为它受到柱子的约束。因此，柱子除了承受来自梁传递过来的轴力外，还要承受弯矩，然后，柱子又将这些内力传递到地面。当框架结构受到侧向（或水平）荷载作用后，借助梁柱之间的刚性连接，梁能约束柱子的转动，不然的话，会造成结构整体倒塌。梁的刚度与框架抵抗侧向荷载的能力有着密切的联系，它也能起到将部分侧向荷载从一侧传递到另一侧的作用。侧向荷载将使框架中所有构件产生弯矩、剪力和轴力。

（四）桁架

桁架主要是由一些单根线状的杆件以单个三角形或多个三角形布置方式组成的结构，杆件之间在连接处通常假定为铰接。上部和底部的杆件称为弦杆，弦杆之间的杆件称为腹杆，使用桁架的基本原理是将杆件布置成一些三角形，就可以形成一个稳定的结构。由杆件组成的桁架受到荷载作用后，桁架作为整体受弯，这相当于一根梁那样的方式受弯。但是，桁架中的杆件并不受弯，而是纯粹的轴心受压或者受拉。

桁架也可以空间结构的形式承受荷载。空间桁架通常是一种大跨度的面状结构，它由一些稳定的空间（或者三维）的三角形几何单元以重复布置的方式组成，可以有多种重复性几何单元的构造方式，能够形成不同形式的空间结构。

（五）索

索是一种柔性的线状构件，它受到外部荷载后会随着荷载的幅值和作用位置的情况而产生相应的变形，其形成的形状在英语中称为"funicular"，中文意思就是"索状"。英语术语"funicular"，来源于拉丁语单词"rope"（绳索）。在索里只存在拉力。当用索跨越两点来承受外部一个或多个集中荷载时，索会以一系列由直线段所构成的形状方式变形。只承受自重的等截面的索会自然地变形成悬链线状，而承受均布荷载（沿其水平投影）的索会按照抛物线形状变形。索能以多种方式跨越很大的距离承载。悬索结构和斜拉索结构是建筑屋盖中常用的两种结构形式。

（六）拱

如果将受荷载作用下的索的形状颠倒一下，则原来下垂的任何一点就变成了矢高点。在古代的时候，人们已会用一块块单独的砖头、石头来建造砖拱了。刚性的拱经常会被应用在类似砖拱那样有曲线状的现代建筑中，但是采用诸如钢材、钢筋混凝土等连续的刚性构件能更好地承受设计荷载的变化，各种支承条件正好反映了刚性拱的形式特点。

（七）墙与板

墙与板都是刚性的面形成的结构。承重墙能同时承受竖向与侧向荷载。相对平面尺度而言，平板的厚度很小，被典型地应用于水平构件，以受弯的方式来承受荷载。板可支承在其四周连续的边界上，也可只支承在个别点上，还可以是这两种情况的混合。板结构通常采用钢筋混凝土或者钢材来建造。可将狭长的刚性板在其长边的边缘处一块一块折线地连接起来，还可以实现水平跨越承载。这种方式组成的结构称为折板结构，它比原来的平板具有更高的承载能力，折板结构经常用于建筑屋盖。

（八）壳

壳是一种三维的薄壁刚性结构，它可做成任何形状的表面。常用表面的形式有：通过一曲线绕某一轴线旋转所形成的旋转曲面，一平面曲线沿着另一平面曲线移动所形成的移动曲面，一直线的两端点在另外两个独立的平面曲线上移动所形成的直纹曲面的双曲抛物面，以及由这三种曲面的各种组合所形成的丰富多彩的复杂曲面。壳体通过曲面内的压应力、拉应力、剪应力来承载，薄薄的壳体，其抗弯能力十分有限，因此薄壳只适合承受均布荷载，且广泛应用于建筑屋盖。

三维形式的结构也可用短小的刚性杆做成。严格地讲，这样的做法不是壳体结构，因为没有采用面状构件。可是，这种结构的受力行为与连续曲面的壳体类似，这种由杆系组成的曲面结构已经得到推广应用，称为网壳结构。

（九）薄膜

薄膜是一种很薄的柔性面状材料，它能够通过拉应力的形成来承载。肥皂泡沫是说明什么是薄膜及其特性的一个很好例子。薄膜对风的空气动力效应十分敏感，容易引起薄膜的域振，所以，用于建筑的大多数薄膜需通过一些方法使其稳定，还要保持在荷载作用下薄膜的基本形状。保持薄膜稳定的基本方法是对其施加预应力。要达到预应力，对帐篷结构可施加外力使薄膜绷紧，对充气结构则依靠内部压力空气。

充气结构可分为气承式和充气式两类，前者为单层薄膜做成，靠比外部大气压力稍微高一点的内部空气压力支撑成形，而后者为双层薄膜，内部充入压力空气形成构件。在这两种类型的充气结构中，空气压力引起了薄膜中的拉应力，在任何可能的荷载作用下，内压力都必须足够大，从而防止薄膜压应力的产生。

支承建筑荷载的结构体系有多种。结构体系的选择与该建筑的使用要求、平面布置、立面处理、选用的材料、荷载大小以及经济条件等有密切的关系。

二、低层和多层建筑结构体系

（一）墙承重结构体系

根据承重墙布置，墙承重结构体系可分为纵墙承重、横墙承重及混合承重三种基本体系。

1. 纵墙承重体系

纵墙承重体系建筑平面。这种建筑的荷载主要传递路线是板—纵墙—基础—地基，因此称为纵墙承重体系。其特点是：

（1）纵向墙为主要的承重墙，横墙的设置主要是为了满足建筑空间刚度和整体性的要求，横墙的间距可以相当长，有利于平面灵活布置。

（2）由于纵墙上承受的荷载较大，所以设在纵墙上的门、窗和其他洞口大小和位置受到一定的限制。

（3）纵墙承重体系的楼盖用料较多，墙体的材料用量较少。

纵墙承重体系适用于在使用上要求有较大空间的建筑，或隔断墙位置有可能变化的建筑，如教学楼、实验楼、办公楼、图书馆等。

在纵墙承重体系中，横墙只起分隔空间的作用，有些起横向稳定作用，称为刚性横墙。为使其起到稳定作用，当刚性横墙中开有洞口时，洞口的水平截面面积不应超过横墙截面面积的50%，横墙的厚度不小于180毫米。刚性横墙与纵墙同时砌筑，如不能同时砌筑，应采取措施以保证建筑的整体刚度，刚性横墙间距不大于 32 米。

2. 横墙承重体系

横墙承重的建筑平面，楼板为支承于横墙上的多孔板。此时，纵墙只承受墙体自重，其荷载传递路线是板—横墙—基础—地基。横墙承重体系的特点是：

（1）横墙是主要的承重墙，纵墙主要起围护、隔断和将横墙连起来的作用。在通常情况下，纵墙的承载能力是有富余的。因此，这种体系对在纵墙上开门、开窗的限制很少。

（2）由于横墙的间距很小（一般 3~4.5 米），又有纵墙在纵向拉结，因此建筑的刚度大、整体性好。这种体系对抵抗风力、地震力的作用和调整地基的不均匀沉陷较纵墙承重体系有力得多。

（3）楼盖结构比较简单，楼盖材料用量少，但墙体用量较多。

横墙承重体系由于横墙间距较密，房间大小固定，布置不够灵活，它适用于住宅、宿舍等居住建筑。

在某些建筑中，为了建筑上的需要和结构上的合理而采用纵横墙混合承重体系，纵横墙均为承重墙。

（二）内框架承重体系

内框架承重体系的特点是：

（1）墙和柱都是主要承重构件。由于取消了承重内墙，由柱代替，在使用上可以取得较大空间，适用于商店、餐厅等建筑。某些墙承重建筑的底层往往也采用这种承重体系。

（2）由于柱与墙的材料不同，柱基础和墙基础的沉降量不易一致。在设计时如果处理不当，结构容易产生不均匀沉降，使构件中产生较大的附加应力，同时也给施工带来一定的复杂性。

（3）横墙较少，建筑空间刚度较差。

三、高层建筑结构体系

（一）框架承重体系

墙承重的建筑的墙体往往随着建筑物高度的增加而加厚，它不仅耗费大量材料，而且也减少建筑的使用面积。因此，高层建筑常采用框架结构体系。

框架结构建筑是由梁和柱来承受与传递荷载，墙只起围护和隔离作用。其优点是构件分工明确，能够充分发挥材料的性能。如隔墙可以采用隔声好的材料，外墙可选用保温好、防水好的材料，梁和柱选用高强材料。在建筑上的优点是建筑平面布置灵活，可形成较大的空间，还有利于商店、会议厅、休息厅、餐厅等的布置，但框架结构建筑存在水平刚度差、抗水平荷载（风荷载、地震荷载）能力小的缺点。当层数较多、水平荷载较大时，为了满足伸向刚度和强度的要求需加大柱子断面，增加材料用量，导致经济效果差。因此，在地震区和很高的建筑上采用框架结构是不经济的。我国一般采用钢筋混凝土框架，多用在 10 层以下建筑。

（二）剪力墙承重体系

剪力墙承重体系是利用建筑物的墙体（内墙和外墙）做成剪力墙来抵抗水平荷载。剪力墙一般为钢筋混凝土墙，厚度不小于 140 毫米。因这种墙承受的荷载主要是水平荷载，墙体受剪受弯，故名剪力墙。这种体系的侧向刚度很大，可承受很大的水平荷载，也可承受很大的垂直荷载。

剪力墙承重体系的主要缺点是建筑平面被剪力墙划分为小空间，导致建筑布置和使用受到一定的限制，它适用于居住建筑和一般的旅馆建筑。这些建筑本身即需要划分为小的空间。在大型旅馆中，通常要求有较大的门厅、餐厅、会议厅等。这时，只好将这些空间从高层中移出，在高层建筑周围布置低层建筑。另一种解决办法是在建筑底层采用框架体系，上部仍为剪力墙体系。这种结构称为框支剪力墙结构。这种结构底层柱子内力很大，柱子截面很大，用钢量多，而且底层框架为结构薄弱环节，地震区应该尽量避免采用。

剪力墙上门、窗洞口的大小和位置对剪力墙的受力性能影响很大。一般要求洞口尽量上下对齐。在纵墙和横墙的交叉处，应避免在几面墙上集中开洞，不能形成尺寸很小且薄弱的"十"字形和"T"字形柱。

（三）框架—剪力墙承重体系

框架结构建筑空间布置比较灵活，可形成较大的室内空间，但侧向刚度较差，抵抗水平荷载的能力较小；剪力墙结构建筑侧向刚度大，抵抗水平荷载的能力较大，但空间不灵活，一般不能形成较大空间。将两者结合起来，取长补短，在框架的某些柱间布置剪力墙，使剪力墙与框架协同工作。这样，就得到承载能力较大，建筑布置又较灵活的另一种承重体系，即框架—剪力墙承重体系。在我国，这种结构广泛用于10~20层建筑中。

在地震区，由于纵横两个方向都可能有地震力的作用，因此建筑纵横两个方向都应布置剪力墙，在非地震区，对于长条形建筑，纵横两个方向迎风面积相差悬殊。当纵向框架有足够刚度和强度抵抗风力时，也可只在横向设置剪力墙。

四、建筑物的组成

建筑的种类繁多，它们的使用功能不尽相同，在外形、大小、平面布置及材料选用和做法上都有程度不同的差异和特点，但不外乎由各种不同用途的房间和交通设施（如门厅、走廊、楼、电梯等）以不同方式组合形成。这些既能让人们在里面从事各种活动，又可避免和减少外界各种自然和人为影响，而且空间是由建筑实体围合而成的。基础、墙和柱、楼地层、楼梯、屋顶、门窗是组成建筑物的主要构件。

1. 基础

它是建筑物最下部分，一般是埋在地面以下的承重构件，承受建筑物的全部荷载，并将这些荷载传到地基上去。它要求坚固、稳定且能抵抗冰冻、地下水、地下潮气及化学物质的侵蚀作用。

2. 墙和柱

墙是建筑物竖向围护构件。按受力状况可分为承重墙和非承重墙。承重墙承受来自屋顶、楼板等的荷载，并将荷载传至基础，还要求坚固、稳定、耐久。承重墙同时也起到隔离空间的作用。非承重墙不承受其他构件传来的荷载，只起围护作用，以抵御自然因素和人为因素对建筑的影响。建筑内部的非承重墙称为隔墙。

3. 楼地层

楼地层是建筑物水平方向的承重构件，同时也是上下两层空间之间的隔离构件。它有楼板层和地板层之分。楼板层承受作用其上的人、家具、设备及本身自重，并将这些荷载传给墙和柱，同时还对墙起水平支撑的作用，能够增加墙的稳定。楼板层还起到隔离噪声、减少传热和水的渗透等作用。地板层是首层房间与人直接接触的部分，它承受首层房间内的荷载。

4. 楼梯

楼梯是建筑中的垂直交通设施，用以上下联系和紧急疏散。它应有足够的通行能力和疏散能力，并符合坚固、稳定、耐久、安全等要求。

5. 屋顶

屋顶是建筑物顶部的围护构件和承重构件，由屋面层和结构层两部分组成。屋面层用以抵御自然界雨、雪及太阳辐射对顶层房间的影响，防止室内热量由上部散失；结构层则承受建筑屋顶荷载（包括屋顶自重、风荷载、雪荷载等），并将这些荷载传给墙和柱。

6.门和窗

门主要为建筑内外联系和房间之间联系而设。门的大小和数量以及开启方向是根据通行能力、使用方便和防火疏散要求决定的，窗主要是为了采光、通风，同时又有分隔和围护作用。门和窗是非承重构件。

上述各基本构件的构造在以下各节中将进行详细叙述。

五、墙和基础构造

墙和基础是建筑物的重要组成部分，两者的作用和结构不同，但在构造上却密切相关。基础可看作墙的下部延伸。

（一）墙的类型和作用

墙是建筑物的主要组成部分，它起承重、围护和分隔等作用，可以按其所处位置的不同分为外墙和内墙。

外墙有承重的和不承重的。承重的外墙承担屋顶、楼板层传下来的荷载；不承重的外墙，只承担自重，不承担其他构件传来的荷载，仅起围护作用，也称围护墙。

内墙也有承重的和不承重的，不承重的内墙称为隔墙。

外墙直接与外界接触，因受外界的气温变化、风吹、日晒、雨淋等大气侵蚀，需要考虑保温、隔热、防水、耐久等围护要求。

对于内墙，因其两面均处于室内，它必须有一定的隔声性能，以免相邻房间互相干扰，有时还要求采取一定的隔热和隔潮措施。

（二）墙体材料

选择墙体材料时应考虑因地制宜、就地取材，力求降低造价、充分利用工业废料。根据墙体用料的不同，有土墙、石墙、砖墙等传统墙体，有利用工业和天然废料的各种砌块墙体，如加气混凝土、硅酸盐、火山灰砌块等，还有各种混凝土砌块和板材墙等。目前，黏土砌墙仍占较大比重。黏土砖墙抗压强度较高、制作方便，但它也存在很多缺点，如自重大、制砖须用大量黏土，存在与农业争耕地的矛盾，施工多采用手工砌筑，效率较低等。

砖墙是用砂浆把一块块砖按一定方式砌筑而成的砌体。砖和砂浆是砖砌体的主要材料。砖有经过焙烧的普通黏土砖、空心砖，也有不需焙烧的粉煤灰砖、炉渣砖、灰砂砖等。

砖墙的尺度须与砖的尺寸相适应，尽量避免多砍砖以节约材料、提高砌筑效率。现行砖的规格为长 × 宽 × 高 = 240 毫米 × 115 毫米 × 53 毫米，长、宽、高之比为 4：2：1。

砖墙厚度由承重和使用要求决定并符合砖的尺寸。实砌砖墙厚度为 240 毫米、370 毫米、490 毫米、620 毫米，有时墙体有 60 毫米、120 毫米、180 毫米等。承重墙最小厚度为 180 毫米。

砂浆是砌体的胶结材料，其主要作用是为了将分散的砖块胶结成一个整体，将砖块之间的缝隙填塞严密，以使上层砖块所承受的荷载能逐层均匀地传至下层砖块，以保证砌体强度。同时，这对提高砖砌体的稳定性和抗震性能也较为有利。

砌筑砂浆按其所用胶结材料的不同，可分为水泥砂浆、石灰砂浆和混合砂浆三种。水泥砂浆由水泥、砂加水拌和而成，属于水硬性材料，强度高，较适合于砌筑潮湿环境下的砌体；石灰砂浆由石灰膏、砂加水拌和而成，属于气硬性材料，强度不太高，常用于砌筑一般民用建筑地面以上的砌体。混合砂浆是由水泥、石灰膏、砂加水拌和而成的。

（三）砖墙构造

1. 过梁和圈梁

门窗洞口上部须设过梁以支承上部砌体或兼承楼板层的荷载。过梁通常有三种做法，即平拱砖过梁、钢筋砖过梁和钢筋混凝土过梁。

（1）平拱砖过梁

平拱高度多为一砖或一砖半，将立砖和侧砖相间砌筑，并使灰缝上宽下窄，相互挤紧形成拱的作用。灰缝上部宽度不大于 20 毫米，下部不小于 5 毫米。同时，将中部砖块提高约为跨度的 1/50 做成起拱，待受力下陷后就会变水平。

平拱过梁适用于门、窗洞口宽度为 1 米左右，上部无集中荷载的情况，地基承载能力不均或有很大振动荷载的建筑都不宜采用。

（2）钢筋砖过梁

钢筋砖过梁是在平砌的标缝中配置适量的钢筋。钢筋一般放在第一皮砖下面 30 毫米厚的砂浆层内。为便于钢筋配置，过梁底的第一皮砖以顶砌为好。钢筋两端伸入墙内至少 240 毫米，并加弯起。钢筋直径不小于 5 毫米，间距不大于 120 毫米。过梁高度不小于 5 皮砖，且不小于门、窗洞口宽度的 1/4。砌筑砂浆不低于 50 号。

钢筋砖过梁砌筑与普通墙体相同，施工方便。在清水墙情况下，立面就会显得统一。过梁跨度一般为 1.5 米左右。

（3）钢筋混凝土过梁

当门、窗洞口宽度较大或洞口上有集中荷载时，常采用钢筋混凝土过梁。按施工方法的不同，钢筋混凝土过梁可以分为现浇和预制两种。过梁宽度与墙厚相适应，高度与砖的皮数相配合，如 60 毫米、120 毫米、180 毫米等。梁的两端伸入墙内不小于 240 毫米。

过梁的截面一般为矩形。在寒冷地区，为了防止过梁内壁产生冷凝水，外墙过梁常采用"I"形截面，以使过梁暴露在外墙面的面积最小。

（4）圈梁

圈梁是在建筑物外墙及部分内墙中设置的连续而闭合的梁。其主要作用是增强建筑物的整体刚度，减少地基不均匀沉陷引起墙体开裂。圈梁的数量根据建筑高度、层数、墙厚、地基条件和地震等因素确定，可设一道、两道或多道圈梁。

当建筑物只设一道圈梁时，圈梁的位置应在顶层墙的顶部。当圈梁数量较多时，可分别设在基础顶部、楼板层或门、窗过梁处增设一道或多道圈梁。在地震区应每层或至少隔层设一道圈梁。

圈梁必须连续交圈。若局部门、窗洞口使圈梁不能通过时，应在该洞口上设置一道不小于圈梁截面的过梁，它与圈梁的重叠长度不小于这两个梁中距的 2 倍，且不小于 1 米。

圈梁一般用钢筋混凝土，分现浇和预制两种，也可做钢筋砖圈梁。钢筋混凝土圈梁截面高度不小于 120 毫米，宽度常与墙厚相同。当墙厚较大时，宽度可小于墙厚。

2. 窗台

窗台的作用在于将窗面流下的雨水排除，以防止润湿和污染墙面。

窗台的构造通常有砖砌窗台与混凝土窗台，寒冷地区宜用砖砌窗台。砖砌窗台可平砌和侧砌，一般向外挑出 1/4 砖。窗台表面用 1∶3 水泥砂浆抹面，并做排水坡度，挑砖下部做滴水槽。

外墙内侧设内窗台，其作用是严密缝隙、防止窗面凝结水润湿墙面。内窗台可做成水泥砂浆抹面、水磨石板和木板等。

3. 墙脚

墙脚通常指基础以上、室内地面以下那段墙体。由于砌体的毛细管作用，地基土中的水分沿砖墙上升，使墙身受潮，导致墙面装修剥落、发霉、冻融破坏。外墙受损尤为严重。所以，在墙身一定部位处应设防潮层。防潮层的位置一般在室内地面混凝土垫层高度范围内，在雨水可能飞溅到墙面的高度以上，通常离室外地面不小于 150 毫米的地方设置。墙脚水平防潮层在内外墙均应设置，并四周交圈，不得间断与漏铺。根据所用材料的不同，防潮层一般有油毡防潮层、防水砂浆防潮层及细石混凝土防潮层等。油毡防潮层具有一定的韧性、延伸性和良好的防潮性能。其做法是沿墙脚合适位置水平方向铺设一层 10~15 毫米厚砂浆找平层，上铺一毡二油，油毡间搭接长度不小于 100 毫米，或干铺一层油毡。由于油毡层降低了上下砌体间的粘结力，所以有强烈振动和刚度要求较高的建筑，以及地震区不宜采用。

砂浆防潮层是在 1∶2.5 或 1∶2 的水泥砂浆中加入 3%~5% 的防水剂制成的防水砂浆，其厚度为 20~25 毫米。

厚度为 60 毫米的细石混凝土也常用于墙脚防潮，由于它的抗裂性能好，且能与砌体很好地结合在一起，故适用于整体刚度要求较高的建筑中。

水平防潮层标高处如为钢筋混凝土圈梁，可不设水平防潮层。

4. 变形缝

当建筑物长度很大，或个别部分高度不同时，因温度变化、地基不均匀沉陷或地震影响，会使建筑物发生大规模裂缝，甚至破坏。为了防止这种变形破坏，设计中应将建筑物分成几个部分，使各部分能自由变形。这种将建筑物垂直分开的缝称为变形缝。变形缝有伸缩缝、沉降缝和抗震缝三种。

建筑物因气温变化产生伸缩变形。当建筑长度很大时，这种变形甚为明显，会在墙身和其他构件处出现不规则裂缝和破坏。为了防止这种情况发生，应在建筑物长度方向适当位置事先设置伸缩缝（也称温度缝），使其有伸缩余地。伸缩缝要求除基础外，墙、楼地层和屋顶全部断开。伸缩缝宽一般为 20~30 毫米。为防止透风、漏雨，缝内常用浸沥青的麻丝或岩棉嵌填。

当一建筑相邻部分的高度、荷载和结构形式有很大差别，而地基又较软弱时，建筑物有可能会产生不均匀沉降，使某些薄弱部分产生错缝开裂。因此，应在复杂的平面和体形转折处、弧度变化处、荷载显著不同的部位和地基压缩性有显著不同处设置沉降缝。沉降缝与伸缩缝的不同之处是基础也需断开，使相邻部分在不均匀沉降时，各部分可自由沉降。沉降缝宽度随建筑高度和地基状况变化，一般为 30~70 毫米。

在地震区为防止地震时建筑被破坏，应设抗震缝，将建筑物分成若干体形简单、结构刚度均匀的独立单元。抗震缝应沿建筑物全高设置。其构造与沉降缝大体相同，以免地震发生时相互碰撞。

5.隔墙构造

不承重的内墙叫隔墙。隔墙的基本要求是自重小,以减少对地板和楼板层的荷载;厚度薄,以增加建筑的使用面积,并根据具体环境要求隔声、耐水、耐火等。因为房间的分隔会随着使用要求的变化而变更,所以隔墙应尽量便于拆装。

（1）骨架隔墙

①木骨架隔墙。木骨架隔墙的优点是质轻、壁薄、便于拆卸,缺点是耐火、耐水和隔声性能差,并且耗用木材较多。

隔墙是由上、下槛,立柱和斜撑组成骨架,然后在立柱两侧铺钉木板条,抹麻刀灰。为防水、防潮,可先在隔墙下部砌 2~3 皮黏土砖。

②金属骨架隔墙。金属骨架隔墙一般是用薄壁型钢做骨架,两侧用自攻螺丝固定石膏板或其他人造板材。

（2）砌筑隔墙

①砖隔墙。这种隔墙是用普通黏土砖或多孔砖顺砌或侧砌而成的。因墙体较薄,稳定性差,因此需要加固。对顺砌隔墙,若高度超过 3 米,长度超过 5 米,通常每隔 5~7 皮砖,在纵横墙交接处的砖缝中放置两根 φ4~6 锚拉钢筋。在隔墙上部和楼板相接处,须用立砖斜砌。当隔墙上设门时,则须用预埋铁件或木砖将门框拉结牢固。

②砌块隔墙。这种隔墙通常用比普通砖体积大、容重小的砌块砌筑,常见的有加气混凝土、硅酸盐、水泥炉渣砌块等。加固措施与砖隔墙相似。采用防潮性能较差的砌块时,宜在墙下部先砌 3~5 皮砖。

（3）条板隔墙

隔墙用条板常有加气混凝土板、多孔石膏板、碳化石灰板、水泥木丝板等。在安装时是在楼地层上用对口木楔在板底将板楔紧,纵向板缝用胶结材料胶结。

6. 基础的作用和类型

（1）基础的作用及与地基的关系

建筑物与土层直接接触的构件称为基础，支承建筑物重量的土层称为地基。基础是建筑物的组成部分，它承受建筑的全部荷载并将它们传给地基。地基有天然地基和人工地基之分。凡天然土层具有足够的承载力，无须经人工改善或加固，便可作为建筑物的地基者称为天然地基。当上部荷载较大或土壤承载力较弱，缺乏足够的坚固性和稳定性，须对土壤进行人工加固才能作为建筑物地基等加固后的地基称人工地基。

根据地基土质好坏、荷载大小及冰冻深度，把基础埋在地表下一定深度处，这个深度称为基础埋深。寒冷地区基础埋深一般要考虑冰冻的影响。

（2）基础的类型和材料

①承重墙下基础。该基础主要以砖石砌筑的承重墙下多为条形基础，所用材料常与墙身相同，或墙身用砖，基础为毛石、毛石混凝土或混凝土。当土质软弱而建筑荷载又较大时，常用抗弯性能好的钢筋混凝土基础。

②骨架结构下的基础。由于骨架结构的垂直承重构件为柱，所以一般做单独基础，其材料常用钢筋混凝土。

在比较软弱的地基上建造单独基础，为适应地耐力基底面积需要扩展，以致相邻基础靠得很近。为施工方便和加强上部结构的整体性，常将这些单独基础连接起来，形成钢筋混凝土条形基础。如土质更弱，单向条形基础无法保证建筑的整体性时，可考虑在纵横两个方向上都采用条形基础，形成井格基础。这样，不但可以进一步扩大基础底面积，而且能增加基础刚度。当土质很弱、上部荷载又很大、采用井格基础仍不能满足要求时，可将基础做成整片的钢筋混凝土筏式基础。

第四节　建筑施工技术

一、高层建筑工程施工技术

改革开放以来，我国的社会经济有了飞速的发展和进步，人们对建筑工程的各方面要求也越来越高，这使建筑工程的施工难度不断增加。笔者深入地探究了建筑工程施工的各种技术，发现其中的问题并给出了解决对策，希望能更好地促进建筑业的健康可持续发展。

深入分析高层建筑的实际施工可以发现，高层建筑的建设难度是很大的。因为高层建筑的整体结构更加复杂，平面以及立面形式也更加多样，施工现场的面积又不够开阔，且现今人们不仅对建筑工程的整体质量有了更高的要求，还要求建筑工程的外表更加美观。上述一系列问题的存在使高层建筑工程的施工难度不断增加，所以建筑施工企业一定要不断提高自己的施工水平，这样才能较好地保证建筑工程的整体质量，才能在激烈的市场竞争中取得立足之地。除此之外，建筑企业的设计工作者和施工者还必须根据实际的施工状况以及使用者对工程的要求，确定最高效且可行施工方案，并积极引入先进的技术、工艺，严格地进行施工现场的管理工作。

（一）高层建筑工程施工技术特点

1. 工程量大

在高层建筑施工过程中，建筑物规模都较为巨大，因此，建筑工人的工程量便会增多，工程承包方需要聘用更多的施工人员、引进更多的施工机械。高层建筑物不仅工程量大，而且施工过程中存在较大的难度。在整体施工过程中，施工人员需不断进行整合与创新.

施工人员对住宅、办公、商业区进行施工过程中，在不同时期、不同季节，施工人员面临着不同的挑战，其完成的工程量具有差异化的趋势。

2. 埋置深度大

高层建筑需具有一定的稳固性，以免出现坍塌的危险。在风力大的区域进行施工时，施工人员更需注重建筑楼层的稳定性，保障人民群众的生命安全不受到侵害。为使高层建筑的稳定性得到相应的保障，施工人员需对建筑物的埋置深度进行合理把控。在埋置过程中，地基深度需不小于建筑物整体高度的 1/12，建筑楼层的桩基需不小于建筑楼层整体高度的 1/15。此外，在施工过程中，施工人员至少需修建一个地下室，当发生安全问题时，现场施工人员能够进行逃生，使危险系数降低。

3. 施工过程长

在高层建筑工程施工过程中，其工程量巨大，因此需花费较多的时间进行施工，工程周期较短的需要几个月，工程周期较长的则需要几年。

（二）高层建筑工程施工技术分析

（1）结构转换层施工技术

高层建筑工程施工对上部顶端轴线位置的要求较小，而对下部建筑物轴线的位置要求较高，因此，施工人员需进行较大的调整。此种情况下，建筑工程施工技术与实际应用存在一定的差距，所以需运用特殊的工法进行房屋建筑工程的修建。在建筑施工的过程中，建筑人员需对楼层设置相应的转换层。在此种结构模式中，当发生地震时候，楼层的抗震性能得到相应的增强。此外，在建筑过程中，建筑人员需对楼层结构转换层的高度进行一定程度的限制，在合适高度的基础上，楼层的安全性才能得到相应程度的保障，从而使人民的生命健康免受威胁。

（2）混凝土工程施工技术

在施工过程中，施工人员需使用混凝土进行工程建设，因此，施工人员需对混凝土质量进行严格的把控。在混凝土质量检验过程中，需遵照相应的标准，检验其是否具有较大的抗压性能，是否适应建筑工程施工技术要求。在工程开展前，相应人员应对水泥标号开展相应的审查以免出现错误。此外，还需对水灰比进行合理的调控，这样才能确保工程施工的合理开展，工程混凝土施工技术得到相应程度的保障。在运用恰当比例配合的过程中，混凝土施工技术将得到更大程度的发展，从而确保工程的精细化施工。在混凝土施工过程中，需根据不同楼层的建筑面积进行不同的混凝土调配比例，从而使工程施工技术得到更大的发展。对于商场等特大建筑层，便需要施工人员进行较多的水凝土调配，在精准调配的基础上，保障高层建筑工程顺利施工。

（3）后浇带施工技术

在高层建筑的主楼与裙房间有相应的后浇带，在实际生活中，当施工人员进行工程建筑施工时，会将主楼与裙房之间进行相应程度的连接。在连接过程中，施工人员会使主楼处于中央的位置，裙房围绕主楼进行相应程度的环绕。在连接过程中，主楼与裙房应有一定程度的分开，在运用变形缝的基础上，会使高层建筑的整体布局发生相应程度的改动，为了使此种问题得到相应程度的缓解，施工人员便需运用后浇带施工技术。运用此技术，能使高层建筑处于稳固状态，使其不会出现相应的沉降危险，工程施工进度也能得到相应程度的保障。后浇带技术是一种新颖的技术，其能适应高层建筑工程的不断发展。

（4）悬挑外架施工技术

在脚手架搭建过程中，在建筑物外侧立面全高度和长度范围内，随横向水平杆、纵向水平杆、立杆同步按搭接连接方式连续搭接与地面成45°～60°之间范围内的夹角。此外，对于长度为1米的接杆应运用5根立杆的剪刀撑进行一定程度的固定，而对于剪刀撑的固定则应运用3个旋转的组件。在搭建过程中，旋转部位与搭建杆之间应保持一定的距离，距离以0.1米为最佳，以保证外架的稳定。在高层建筑施工过程中，当外架处于一种稳定的状态时，才能确保高层建筑工程施工的安全性。根据施工成本管理，低于10米不是最佳搭设高度，按照扣件式钢管脚手架安全规范的要求，悬挑脚手架的搭设高度不得超过20米。在脚手架搭设过程中，脚手架的立杆接头处应采用对接扣件，在交错布置时，相邻的立杆接头应处于不同跨内，且错开的距离应至少为 500 毫米。

在规范中以双轴对称截面钢梁做悬挑梁结构，其高度至少应为 160 毫米，且每个悬挑梁外应设置钢丝与上一层建筑物进行拉结，从而使其不参与受力计算。

总而言之，在高层建筑施工过程中，施工承包方为使建筑物的安全性得到一定程度的保障，需要求施工人员对施工技术手段进行相应的调整。在不断调整的过程中，施工技术能得到更大的发展，从而使高层建筑的施工质量得到相应的保障，人民处于安全的居住环境中，社会经济效益得到增长。

二、建筑工程施工测量放线技术

建筑工程施工测量是施工的第一道工序，是整个工程中占有主导地位的工程，而建筑施工测量放线技术则为施工各个方面都提供了正常运行的保障。本部分主要分析探讨施工测量的流程和质量监控及其技术，以及视觉三维技术在测量放线技术中的应用。

（一）概述

建筑施工项目启动之后，首先要做的工作就是施工定位的放线，它对于整个工程施工成功与否具有重要意义。在实际施工过程中，测量放线不仅要对施工进度进行实时跟进，还要根据施工进度对设计标准和施工标准进行对比，及时改正施工误差，对建筑工程标准高度和平面位置进行测量。在每一个项目进行施工之前，测量放线都是必要的准备，不仅要对设计图纸进行反复的检验，还要对设计标准进行探究分析，以保证每一个环节的标准都达到设计标准。施工人员应严格按照图纸要求，照样施工，把图纸上体现出来的各个细节全部在建筑物上展现。施工人员进行测量放样时，要保证测量放线的可靠性和严谨性，就必须严格按照施工图纸进行施工，从而保证工程质量，降低返工率。此外，施工人员对于还应具有丰富的施工作业经验和熟练的器械设备操作经验。如果测量放线过程中出现差错，必然会对施工项目的建设成果造成严重的影响。在工程施工完成后，测量放线人员要根据竣工图进行竣工放线测量，从而对完工后建筑可能出现的问题进行及时维修。

（二）建筑工程施工测量放线的主要内容和准备工作

1. 测量放线的主要内容

测量放线的主要内容是按照设计方的图纸要求严格进行测量工作，为了方便后期对施工项目的查验，对前期的施工场地做好土建平面控制基线或红线、桩点和验收记录，对垫板组进行相应的设置，然后对基础构件和预件的标准高度进行测量，建立主轴线网，以保证基础施工的每一个环节都做到严格按照图纸施工，先整体、后局部，高精度控制低精度。

2. 测量之前的准备工作

（1）测量仪器具的准备

严格按照国家有关规定，在钢框架结构中投入使用的计量仪器具必须经过权威计量检测中心检测，在检测合格之后，填写相关信息的表格作为存档信息，应填写的表格有《计量测量设备周检通知单》《计量检测设备台账》《机械设备校准记录》《机械设备交接单》。

（2）测量人员的准备

相关操作的测量人员要根据测量放线工程的测量工作量及其难易程度配备。

（3）主轴线的测量放线

根据已建立的土建平面控制网和制定的测量方案，我们需要对整个工程的控制点进行规划，以构建主要轴线网，并设置主控制点及其他辅助控制点。这些控制点将作为整个工程测量的基准，确保施工过程的准确性和精度。

（4）技术准备

做到对图纸的透彻了解并且满足工程施工要求，对作业内的施工成果进行记录以便后期核查。

3.测量放线技术的应用

在每一个施工项目之前对其进行定位放线是关乎工程施工能否顺利进行的重要环节，平面轴制网的测放及垂直引测、标高控制网的测放及钢珠的测量校正都是为了确保施工测量放线的准确与严谨，而测量放线技术的掌控能力则是每一个技术管理人员必备的技能。

（1）异形平面建筑物放线技术

在场面平整程度好的情况下，引用圆心，随时对其进行定位。在挖土方时，因为建筑物或土方升高，出现圆心无法进行延高或者圆心被占时，就要垂直放线，进行引线的操作，这是对异形平面建筑物最基本的放线技术。根据实际施工情况选择等腰三角形法、勾股定理法和工具法等相应地进行测量放线。将激光铅直仪设置在首层标示的控制点上，逐一垂直引测到同一高度的楼层，布置 6 个循环，每 50 米为一段。为了避免测量结果的误差累计，以确保测量过程的安全和测量结果的精准，应做到高效且快速，保证测量达到设计标准。

（2）矩形建筑放线技术

在这种情况下，最常使用的测定方式有钉铁钉、打龙门桩和标记红三角标高，在垫层工打出桩子的位置且对四个角用红油漆进行相应的标注。在矩形建筑中，通常要对规划设计人员在施工设计图中标注的坐标进行审核，根据实际的施工情况对其进行相应的坐标调整，减少误差，对建筑物的标高和主轴线进行相应的测量。

4.视觉三维测量技术在测量放线中的应用

随着科技的不断发展，动态和交互的三维可视技术已被广泛地应用到了对地理现象的演变过程的动态分析及模拟中，在虚拟现实技术和卫星遥感技术中尤为明显。视觉三维测量技术就是把在三维空间中的一个场景描述映射到二维投影中，即监视器的平面上。在进行二维图像绘制时，主要的流程就是将三维模型的外部进行二维的投影和近似表示，在一个合适的二维坐标系中利用光照技术对每一个像素在可观的投影中赋予特定的颜色属性，显示在二维空间中，也就是将三维数据通过坐标转换为二维的数据信息。

综上所述，测量放线技术在施工之前以及施工过程中被反复应用，关系着整个施工项目的成败，对施工质量管理起着重要作用。随着建筑造型的多样变化，测量放线技术的难度日益增加，应该对每一个环节的应用进行分析探讨，要严格按照制定的施工方案实施，从而保证工程施工质量。

三、建筑工程施工中的注浆技术

随着时代的发展，建筑工程对于我国越来越重要。而建筑工程是否优质，由注浆工作的优良与否决定。注浆技术就是将按一定比例配好的浆液注入建筑土层中，使土壤中的缝隙达到充足的密实度，起到防水加固的作用。注浆技术之所以被广泛运用到建筑行业，是因为其具有工艺简单、效果明显等优点，但将注浆技术运用到建筑行业中也遇到了大大小小的问题。本部分旨在通过实例来分析注浆技术，试图得出可以将注浆技术合理运用到建筑行业中的措施。

建筑工程十分繁杂，不仅包括建筑修建的策划，还包括建筑修建工作，以及后面维修养护工作。随着科技的飞速发展，建筑技术也在不断地成熟，注浆技术也有一定程度的提升，但其在运用过程中也遇见了很多大大小小的问题。这不仅需要专业技术人员努力解决，还需要国家多颁布政策激励大家解决。注浆技术就是将合理比例的淤浆通过一个特殊的注浆设备注入土壤层，过程虽然看起来简单，但是在其运用过程中也有难以解决的问题。注浆技术运用于建筑工程中的主要优点是：一定比例的浆料往往有很强的黏度，可以将土壤层的空隙紧密结合起来，填补土壤层的空隙，最终起到防水加固的作用。目前，注浆技术在我国还处于初步发展阶段，没有什么实际突破，仍需要我们进一步研究探索。

（一）注浆技术基本概论

1. 注浆技术原理

随着时代和科技的发展越来越完善，注浆技术越来越适合用于建筑工程中。注浆技术的原理十分简单，就是将有黏性的浆液通过特殊设备注入建筑土层中，填补土壤层的空隙，提高土壤层的密实度，使土壤层的硬度及强度都能得到一定程度的提升。这样当风雨来袭时，建筑能够有很好的防水基础。值得注意的一点是，不同的建筑需要配定不同比例的浆液，这样才可以很好地填充土壤层缝隙，起到防水加固的作用。如果浆液配定的比例不合适，那么注浆就不能实际的作用，造成工程量的增加，也浪费了大量的注浆资金。所以，在进行注浆工作前，要根据不同的建筑配备合理的浆液比例，这样才有利于后续注浆工作的进行。而且注浆设备也要进行定期清理，不然在注浆过程中，容易造成浆液堵塞，影响后续工作的进行。而且当浆液凝固在注浆设备中时，难以对注浆设备进行清理，容易造成注浆设备的报废，也会造成浆液资金的大量浪费。

2. 注浆技术的优势

注浆技术虽然处于初步发展阶段，但已广泛运用于建筑工程中。其主要具有三个优势：第一个优势是工艺简单；第二个优势是效果明显；第三个优势是综合性能好。注浆技术非常简单，就是将有黏性的浆液通过特殊设备注入建筑土层中，填补土壤层的空隙，提高土壤层的密实度，使土壤层的硬度以及强度都能得到一定程度的提升，同时注浆技术可以在不同部位进行应用，这有利于同时开工，提高工作效率；注浆技术也可以根据场景（高山、低地、湿地、平地等）的变换而灵活更换施工材料和设备，如在高地上可以更换长臂注浆设备，来满足不同场景下的施工需要。注浆技术最主要的优点就是效果明显，相关人员通过合适的注浆设备进行注浆，用浆液填补土壤层的空隙，使建筑能够很好地防水和稳固，即使是洪水暴雨来袭，墙壁也不容易进水和坍塌。在现实生活中，注浆技术十分重要，因为在地震频发的我国，其可以有效地防止地震时建筑过早的坍塌，使人们有更多的逃离时间。综合性能好是注浆技术运用于建筑工程中最明显的优点。注浆技术将浆液注入土壤层中，能够很好地结合内部结构，不产生破坏，不仅可以很好地提升和保证建筑的质量，还可以延长建筑结构的寿命。也正是因为具备这些优势，注浆技术在建筑工程中才如此受欢迎。

（二）注浆技术的施工方法分析

注浆技术有很多种，如高压喷射注浆法、静压注浆法、复合注浆法。高压喷射注浆法在注浆技术中是比较基础的一种技术；静压注浆法主要应用于地基较软的情况；复合注浆法是将高压喷射注浆法和静压注浆法结合起来的方法，其可以起到更好的加固效果。每种方法都有不同的优势，相关人员在进行注浆时，可以结合实际情况选择合适的注浆方法，这样才可以事半功倍；还可以将多种注浆方法结合使用，这样也有利于提高工作效率。下面进行详细介绍：

1. 高压喷射注浆法

高压喷射注浆法在注浆技术中是比较基础的一种技术。我国将高压喷射注浆法运用于建筑工程中，取得了很好的效果。在使用过程中，我国相关人员结合实例总结经验，对高压喷射注浆法进行了一定的改善，使其可以更好地运用在建筑中。高压喷射注浆法主要运用于基坑防渗中，这样有利于基坑不被地下水冲击而崩塌，保证基坑的完整性和稳固性；而且高压喷射注浆法也适用于建筑的其他部分，不仅可以有效地防水，还进一步提高了其稳定性。高压喷射注浆法与静压注浆法，有各自的优势。高压喷射注浆法可以适用于不同的复杂环境，而静压注浆法主要应用于地基较软的环境；静压注浆法可以给予建筑周围的环境一定保护，而高压喷射注浆法却不可以。

2. 静压注浆法

静压注浆施工方法主要应用于地基较软、土质较为疏松的情况。注浆的主要材料是混凝土，其自身具有较大的质量和压力，因而在地基的最底层能够得到最大限度的延伸，混凝土凝结时间较短。在延伸过程中，会因为温度的影响直接凝固。但是在实际施工过程中，施工环境的温度局部会有不同，因而凝结效果也大不相同。

3. 复合注浆法

复合注浆法即静压注浆法与高压喷射注浆法相结合的方法，所以其同时具备了静压注浆法与高压喷射注浆法的优点，应用范围更加广泛。在应用复合注浆法进行加固施工时，首先要通过高压喷射注浆法形成凝结体，然后再通过静压注浆法减少注浆的盲区，从而起到更好的加固效果。

（三）房屋建筑土木工程施工中的注浆技术应用

注浆技术在房屋建筑土木工程施工中也被广泛应用，主要运用在土木结构部位、墙体结构、厨房与卫生间防渗水中。土木结构部位包括地基结构、大致框架结构等，都需要注浆技术来进行加固。墙体一般会出现裂缝，如果每一条缝隙都需要人工来一条一条进行补充，不仅会加大工作压力，而且填补质量得不到保证，这时就需要注浆技术来帮忙，通过将浆液注入缝隙中，可以很好地进行缝隙的填补，既不破坏内部结构，也不破坏外部结构。人们在厨房与卫生间经常用水，所以厨房和卫生间一定要注意防水，而使用注浆技术能够很好地增加土壤层的密实度，提高厨房和卫生间的防渗水性。

1. 在墙体结构中的应用

墙体一旦出现裂缝就容易出现坍塌现象，严重威胁着人民的人身安全。为此，需要采用注浆技术来有效加固房屋建筑的墙体结构，以防出现裂缝，保证建筑质量。在实际施工中，应当采用粘结性较强的材料进行裂缝填补注浆，从而一方面填补空隙，另一方面增加结构之间的连接力。另外，在注浆后还要采取一定的保护措施，这样才能更好地提高建筑的稳固性，保证建筑工程的质量，进而保证人民的人身安全。

2.厨房、卫生间防渗水应用

注浆技术在厨房、卫生间防渗水应用中使用得最频繁。注浆技术主要是对房屋缝隙和结构进行填补加固。厨房、卫生间是用水较多的区域，它们与整个排水系统相连接，如发生渗透将会迅速扩散渗透范围，严重的话会波及其他建筑部位，最终发生坍塌。因此解决厨房、卫生间防渗水问题，保证人民的人身安全，要采用环氧注浆的方式。首先要切断渗水通道，开槽后再对其进行注浆填补，完成墙体的修整工作。

综上所述，注浆技术是建筑工程中不可缺乏且至关重要的技术，其不仅可以加固建筑，还可以提高建筑的防水技能。相关工作人员只有结合实际情况选择合适的注浆方法，才可以事半功倍。此外，结合使用多种注浆方法，能够提高工作人员的工作效率，保证建筑工程质量。

四、建筑工程施工中的节能技术

随着我国经济和科技的不断发展，人们的生活水平逐渐提高，我国建筑行业也取得了较大进步，施工技术及工程质量也得到了较大提升。人们越来越重视节能、环保、绿色、低碳发展，这就对建筑工程施工提出了较高的要求，建筑企业应当根据时代发展需求不断调整建筑方式以及施工技术，最大限度地满足用户的需求。建筑企业对建筑物进行创新、节能建设可以有效降低房屋施工过程中的能源损耗，提高建筑物的稳定性及安全性。随着社会发展进程的不断加快，各种有害物质的排放量也逐渐增加，如若不及时加以控制人类必将受到大自然的反噬，因此将节能环保技术应用于建筑施工工程中已经是大势所趋，节能环保技术有助于节能减排，同时也可以有效减少环境污染，促进我国可持续健康发展。

（一）施工节能技术对建筑工程的影响

建筑节能技术对建筑工程主要有三方面的影响：第一，节能技术的应用能够减少建筑施工中施工材料的使用。节能技术通过提高技术手段、优化施工工艺，采用更加科学、合理的架构，对建筑施工的整个过程进行优化，可以减少建筑施工过程中的物料使用与资源浪费，降低建筑工程的施工成本。第二，节能技术在建筑施工过程中的使用，能够降低建筑对周边环境的影响。传统的施工建筑过程中噪声污染、光污染、粉尘污染、地面垃圾污染问题严重，对施工工地周围的居民造成了比较大的困扰，节能技术的应用可以将建筑物与周围的环境相融合，营造一个更加友好型的施工工地。第三，节能技术的应用能帮助建筑充分地利用自然资源与能源，建筑在投入使用后可以减少对电力资源、水资源的消耗，提高建筑整体的环保等级，提高业主的舒适感。

（二）施工节能技术的具体技术发展

1. 在新型热水采暖方面的运用

据调查统计，燃烧煤炭在我国北部地区依然是主要采暖方式，但是在其燃烧时会释放出 SO_2、CO_2 和灰尘颗粒等有害物质，这不但浪费了不可再生的煤炭资源，还严重影响着环境和居民健康。随着时代的进步，新型绿色节能技术的诞生意味着采暖方式也将向更加绿色环保的方向前进。例如，采用水循环系统，即在工程施工时利用特殊管道的设置连接和循环水方法，使水资源和热能的利用率最大化，增加供暖时长，能够减少污染和浪费，改善居住环境。

2. 充分利用现代先进的科学技术，减少能源消耗

随着科学技术的不断发展，越来越多先进的技术被运用到当代建筑中，并且这些技术对于环境的污染并不是很多，这就要求我们充分地利用这些技术。科学技术的不断发展可以很好地解决节能相关问题。如果要利用先进技术，要考虑楼间距的问题，动工的第一步就是开挖地基。这一过程必须运用先进的技术进行精密计算，不能有一点的差错，只有完成好这一步才能更好地完成之后的工作，为日后工程建成打下坚实的第一步。应充分利用自然界中的水、风、太阳，实现资源的循环使用，真正地做到节能发展。

3. 将节能环保技术应用于建筑门窗施工中

在施工单位将建筑整体结构建设完之后，就应当进行建筑物的门窗施工。门窗施工工程在建筑物整体施工过程中占有重要地位，门窗安装不仅需要大量的材料，还需要大量的安装工人，而材料质量较差的门窗会影响建筑整体的稳定性和安全性，在安装结束后还会出现一系列的问题。这就迫使施工单位进行二次安装，不仅严重增加了施工成本，也降低了施工效率及建筑质量。因此，建筑企业在进行建筑物的门窗施工时，应当充分采用节能环保材料以及新型安装技术，完整实现门窗的基本功能，同时还能使其和建筑物整体完美融合，增强建筑物的环保性、稳定性、安全性及美观性。

4. 建筑控温工程中的节能技术应用

建筑在施工过程中的温度控制基础设施主要是建筑的门窗。首先，在建筑的选址与朝向设计上，要应用先进的技术，通过合理的测绘和数据计算，根据当地的光照情况与风向情况，合理地设计建筑的门窗朝向与门窗开合方式。保障建筑在一天的时间内，有充足的自然光线与自然风从窗户进入建筑内部，减少建筑后期装修中的温控设备与新风系统的能源资源消耗。其次，要科学地设计门窗在建筑中的位置、形状与比例，根据建筑的朝向和整体的室内空气调节系统设计，制定合理的门窗比例，既不能将比例定得过大，造成室内空气与室外空气的过度交换；也不能定得过小，造成室内空气长期流通不畅。再次，要采用节能技术，在门窗周围设置合理的温度阻尼区，令进入室内的外部空气的温度在温度阻尼区进行合理的升温或降温，使之与室内温度的差值减小，减少室内外的热量交换，降低建筑空调与新风系统的压力。最后，要选择节能的门窗玻璃材料与金属材料，如采用最新的铝断桥多层玻璃技术，增强窗户的气密效果，减少室内外的热量交换。

综上所述，建筑施工中节能技术的应用，是现代建筑工艺发展的一种必然，既有利于建筑行业本身合理地利用资源能源，促进行业的健康可持续发展，也响应了我国建设环境保护型、资源节约型社会的号召；同时，这也符合民众对新式建筑的普遍期待，是建筑施工行业由资源能源消耗型产业转向高新技术支持型产业的关键一步。

五、建筑工程施工绿色施工技术

随着社会的不断进步和经济的快速发展，建筑行业在取得长远发展的同时也面临着相应的问题，如施工技术缺乏和环保理念贯彻等，给建筑工程的施工带来了很大的影响，所以解决这些问题是目前的关键所在。针对这种情况，有关部门和单位必须对绿色施工技术进行及时改进和优化，然后在建筑工程施工中去应用这些绿色施工技术，让整个施工任务变得更加绿色和环保，提高建筑工程的施工质量和效率。

1. 在环保方面的研究

传统的建筑工程施工技术在使用过程中将不可避免地产生大量的环境污染问题，并对后期的环境改善工作提出了新挑战。而通过绿色施工技术的应用，可以在提高环境保护效果的同时，减少环境污染的产生。与此同时，通过利用环保型建材也可以减少建筑成本，并提高工程建设的质量效果和效率，由此建筑工程施工所带来的社会效益和经济效果，最终实现了和谐的统一，给我国建筑行业的环保性和节能性带来了积极的作用，让建筑工程施工变得更加绿色环保。

2. 应用关键性技术

（1）施工材料的合理规划

传统的施工技术在施工材料的使用中出现了过度浪费的现象，所以给建筑工程建设增加了成本。然而，解决这一问题需要对施工材料进行合理的选择并不断地推动其进行改进和优化，从而减少建筑企业在材料方面的成本投入，实现对材料的高效使用。具体而言，选择一部分能够二次回收利用或者循环利用的原材料就是具体的实施方法。在建筑工程施工过程中，相关工作人员一定要严格遵守绿色施工原则，而做到这一点就必须从材料的合理选择优化方面着手，优先利用无污染、环保的材料来进行施工建设。当然，其中对于材料的储存问题也要进行充分的考虑，减少因为方法问题带来的损失。同时，针对建设中出现的问题还要进行后续环保处理，由工作人员借助一些先进的设备来对这些材料进行回收利用和处理。比如说，目前经常用到的机械设备就是破碎机、制砖机和搅拌机等。在对这些材料实现进行回收利用之后还需要着重注意利用多种处理方式进行操作，对于处理后的材料重新利用，将废旧的木材等不可再生资源循环利用，可以提高资源利用效率，实现环保理念的贯彻。

除此之外，还需要在实践中展开对施工技术的选择和优化，对施工材料进行科学的管理和使用，减少因为材料过多或者使用方法不当而造成的材料浪费现象。在施工任务正式开始之前，施工人员一定要根据实际情况做好施工图纸的设计工作，对整个工作阶段进行很好的规划，关注每一个环节每一个细节；并且在施工阶段工作人员一定要严格按照计划进行施工和材料的采购和使用，避免出现材料浪费，给企业创造更大的经济效益和社会效益。

（2）水资源的合理利用

在水资源合理利用中关键的环节之一就是基坑降水，通过辅助水泵效果的实现可以有效地推动水资源的充分利用，并减少资源浪费。储存水资源也可以方便后续工作的使用，这部分水资源的具体应用主要体现在：对于楼层养护和临时消防水资源利用的提供。从某种程度上而言，这两个环节是可以减少水资源消耗的重要环节，可以最大化地减少水资源的浪费。

与此同时，建筑施工中还可以通过建造水资源的回收装置来实现水资源的合理利用，对施工现场周围区域的水资源展开回收处理，针对自然的雨水资源等进行储存、净化及回收，提高各种可供利用水资源的利用效率。比如说，对施工区域附近来往的车辆展开清洗工作用水、路面清洁用水、对施工现场的洒水降尘处理用水等进行合理的规划设计，提高水资源利用效率。除了上述以外，建筑行业必须严格制定有效的水质检测和卫生保障措施来实现非传统水源的使用和现场循环再利用水，这样可以最大限度地保证人的身体健康，提高建筑工程的施工质量。

（3）土地资源利用的节能处理

很多建筑工程在具体的建设施工过程中都会对周围的土地造成破坏，并带来利用危害。这主要是指破坏土地植被生长情况、造成土地污染、减少水源养护、造成水资源的流失等现象。这些情况的存在会给周围的施工区域带来十分严重的影响。由此，针对这种情况相关部门必须提高对施工环境周围地区的土地养护工作重视程度，及时采取有效措施进行问题的解决和土地资源的保护。而且，由于建筑施工工程缺乏对建筑施工的有效设计和合理规划，导致其在具体施工阶段给土地带来很严重的影响；同时由于没有对施工进度进行严格的把控，很大一部分的土地处于闲置状态，进而造成土地资源的浪费。这种问题的存在，需要专门人员进行施工方案的有效设计和重新规划，对具体建设施工过程中土地利用情况进行全面的分析和研究。对其有一个全面的了解和认识，最终形成对建筑施工设备应用和施工材料选择的全面分析和合理设计。

除此之外，在做好提高资源利用效率工作的同时，还需要加强对节能措施推进工作的监督，对于在建筑施工中应用的各种电力资源、水资源、土地资源等进行节能利用，减少资源浪费现象。当然，在条件允许的情况下，可以多利用一些可再生能源，发挥资源的替代效果。在建筑工程施工阶段要对机械设备管理制度进行不断的建立健全，对设备档案进行不断的丰富和完善。同时，做好基础的维修、防护工作，提高设备的使用寿命，并将其稳定在低消耗高效率的工作状态之下。

总而言之，建筑行业随着社会的不断进步和经济的快速发展也取得了快速发展，但是这同时也出现了许多问题。针对这种情况必须在施工阶段采用绿色施工技术并且对这项技术进行不断的改进和优化，对施工方案进行合理的安排和科学的规划。除此之外，还需要培养施工人员的节约意识，制定合理的管理制度，避免出现材料浪费和污染的现象，给建筑工程的绿色施工打下一个坚实的基础，提高建筑工程施工的效率和质量。

六、水利水电建筑工程施工技术

随着经济的进步与社会的发展，人们越来越重视水利水电工程发挥的实际作用。水利水电工程对我国人民而言意义重大，若是没有水利水电工程，那么人民的日常起居都无法正常进行。为此，国家应当加强对水利水电工程的关注，确保水利水电工程的施工技术能够提高，从而促进水利水电工程建设。

（一）水利工程的特点

水利工程施工具有时间长久、强度大，其工程质量要求较高、责任重大等特点。所以，在水利工程施工中，要高度注重施工过程的质量管理，保证水利工程的高效、安全运转，水利工程施工与一般土木工程施工有许多相同之处，但水利工程施工有其自身的特点：

首先，水利工程起到雨洪排涝、农田灌溉、蓄水发电和生态景观的作用，因而对水工建筑物的稳定、承压、防渗、抗冲、耐磨、抗冻、抗裂等性能都有特殊要求，须按照水利水程的技术规章，采取专门的施工方法和措施，确保工程质量。

其次，水利工程多在河道、湖泊及其他水域施工，需根据水流的自然条件及工程建设的要求进行施工导流、截流及水下作业。

再次，水利工程对地基的要求比较严格，工程又常处于地质条件比较复杂的地区和部位，地基处理不好就会留下隐患，事后难以补救，需要采取专门的地基处理措施。

最后，水利工程要充分利用枯水期施工，有很强的季节性和必要的施工强度，与社会和自然环境关系密切。因而实施工程的影响较大，必须合理安排施工计划，以确保工程质量。

（二）水利建筑工程施工技术分析

1. 分析水利建筑施工过程中施工导流与围堰技术

施工导流技术作为水利建筑工程建设，特别是对闸坝工程施工建设有着不可替代的作用。施工导流应用技术的优质与否直接影响着全部水利建设施工工程能否顺利完成交接。在实际工程建设过程中，施工导流技术是一项常见的施工工艺。现阶段，我国普遍采用修筑围堰的技术手段。

围堰是一种为了暂时解决水利建筑工程而临时搭建在土坝上的挡水物。一般而言，围堰的建设需要占用一部分河床的空间。因此，在搭建围堰之前，工程技术管理人员应全面探究所处施工现场河床构造的稳定程度与复杂程度，避免发生由于通水空间过于狭小或者水流速度过于急促等问题，给围堰造成了巨大的冲击力。在实际建设水利施工工程时，利用施工导流技术能够很好地控制河床水流运动方向和速度。另外，施工导流技术应用水平的高低，对整体水利建筑工程施工进程具有决定性作用。

2. 对大面积混凝土施工碾压技术的分析

混凝土碾压技术是一种可以利用大面积碾压来使各种混凝土成分充分融合，并进行工程浇灌的工艺。近年来，随着我国大中型水利建筑施工工程的大规模开展，这种大面积的混凝土施工碾压技术得到了广泛的推广与实践，也呈现出良好的发展态势。这种大面积混凝土施工碾压技术具有一般技术无法替代的优势，即能够通过这种技术的应用与实践取得相对较高的经济效益和社会效益。再加上大面积施工碾压技术施工流程相对简单，施工投入相对较小，且施工效果显著，其得到了众多水利建筑工程队伍的信赖，被大量应用于各种大体积、大面积的施工项目中。与此同时，同普通的混凝土技术相比，这种大面积施工碾压技术还具有同土坝填充手段类似、碾压土层表面比较平整、土坝掉落概率相对较低等优势。

3. 水利施工中水库土坝防渗、引水隧洞的衬砌与防渗技术

（1）水库土坝防渗及加固。为了防止水库土坝变形发生渗漏，在施工过程中对坝基通常采用帷幕灌浆或者劈裂灌浆的方法，尽可能地保证土坝内部形成连续的防渗体，从而消除水库土坝渗漏的隐患。对坝体采用劈裂灌浆时，必须结合水利建筑工程的实际情况来确定灌浆孔的布置方式。一般是布置两排灌浆孔，即主排孔和副排孔。具体施工过程中，主排孔应沿着土坝的轴线方向布置，副排孔则需要布置在离坝轴线 1.5m 的上侧，并与主排孔错开布置，孔距应该保持在 3~5 米范围内，同时尽量保证灌浆孔穿透坝基在坝体内部形成一个连续的防渗体。而如果采用帷幕灌浆的方法，则应该在坝肩和坝体部位设两排灌浆孔，排距和劈裂灌浆大体一致，而孔距则应该保持在 3~4 米，同时要保证灌浆孔穿过透水层，还要选用适宜的水泥浆和灌浆压力，只有这样才能保证施工质量。

（2）水工隧洞的衬砌与支护。水工隧洞的衬砌与支护是保证其顺利施工的重要手段。在水利建筑工程施工过程中常用的衬砌和支护技术主要包括喷锚支护及现浇钢筋混凝等。其中现浇钢筋混凝土衬砌与一般的混凝土施工程序基本一致，同样要进行分缝、立模、扎筋及浇筑和振捣等；而水工隧洞的喷锚支护主要是采用喷射混凝土、钢筋锚杆和钢筋网的形式，对隧洞的围岩进行单独或者联合支护。值得注意的是，在采用钢筋混凝土衬砌时，要注意外加剂的选用，同时要注意钢筋混凝土的养护，确保水利建筑工程的施工质量。

4. 防渗灌浆施工技术

（1）土坝坝体劈裂灌浆法。在水利建筑工程施工中，可以通过分析坝体应力分布情况，根据灌浆压力条件，对沿着轴线方向的坝体予以劈裂，之后展开泥浆灌注施工，完成防渗墙建设，同时对裂缝、漏洞予以堵塞，并且切断软弱土层，提高坝体的防渗性能。通过坝、浆相互压力机的应力作用，使坝体的稳定性能得到有效的提高，保证工程的正常使用。在对局部裂缝予以灌浆的时候，必须运用固结灌浆方式展开，这样才可以确保灌注的均匀性。假如坝体施工质量没有设计

标准，甚至出现上下贯通横缝的情况，一定要进行权限劈裂灌浆，保证坝体的稳固性，提高坝体建设的经济效益与社会效益。

（2）高压喷射灌浆法。在进行高压喷射灌浆之前，需要先进行布孔，保证管内存在一些水管、风管、水泥管，并且在管内设置喷射管，通过高压射流对土体进行相应的冲击。经过喷射流作用之后，互相搅拌土体与水泥浆液，上抬喷嘴，这样水泥浆就会逐渐凝固。在对地基展开具体施工时，一定要加强对设计方向、深度、结构、厚度等因素的考虑，保证地基可以逐渐凝结，形成一个比较稳固的壁状凝固体，进而有效达到预期的防渗标准。在实际运用中，一定要按照防渗需求的不同，采用不同的方式进行处理，如定喷、摆喷、旋喷等。灌浆法具有施工效率高、投资少、原料多、设备广等优点，然而，在实际施工中，一定要对其缺点进行充分考虑，如地质环境的要求较高、施工中容易出现漏喷问题、器具使用繁多等。只有对各种因素进行全面考虑，才可以保证施工顺利完成，进而确保水利建筑工程具有相应的防渗效果，实现水利建筑工程的经济效益与社会效益。

水利建筑工程施工技术的高低直接影响着水利项目应用效率的高低，因此，我们需要对水利工程的相关技艺进行深入的研究和分析，同时加强施工过程管理，保证施工顺利进行，确保水利建筑工程的施工质量，为未来国家经济的发展做出贡献。

第四章　桥梁工程理论

桥梁是随着经济发展带来的交通需要和经济与科学技术的可能而发展的，它从一个侧面反映了一个国家生产、经济与科学技术的发展程度。在公路、铁路、城市和农村道路以及水利建设中，为了跨越各种障碍（如江河、沟谷或其他线路等），必须修建各种类型的桥梁与涵洞，因此桥涵是交通线中的重要组成部分和枢纽，具有重要的地位。建立四通八达的现代化交通网，大力发展交通运输事业，对于发展国民经济、促进文化交流和巩固国防等，都具有非常重要的作用。

第一节　桥梁的组成和分类

一、桥梁的组成

桥梁的组成部分及其作用如表 4-1 所示。

表 4-1　桥梁的组成部分及其作用

桥梁的组成部分				各组成部分的作用
桥梁	上部结构	桥面	公（铁）路面、人行道	车辆或行人行走部分
		桥道结构	纵梁、横梁或其他形式	支承桥面，将荷载传给承重结构
		承重结构	主梁（或拱，或索）	架立在支座上，将荷载传给支座
		连接系	纵向的及横向的	位于主梁之间，承受水平荷载
	下部结构	支座	固定支座、活动支座（或全约束支座，或鞍座）	①支承上部结构，将荷载传给墩台；②将上部结构固定在墩台上；③保证上部结构的伸缩、弯曲等变形
		墩台	桥台（位于岸边）、桥墩（位于中间）	支承上部结构，将上部结构荷载传至基础（桥台兼起挡墙作用）
		基础	浅基础或深基础（桩、沉井或沉箱）	将桥墩（桥台）传来的荷载分布到地基（土壤或基岩）中去

桥梁的组成部分也可分类成五大部件与五小部件。

1. 五大部件

所谓五大部件是指桥梁承受汽车或其他运输车辆荷载的那些结构，它们要通过承受荷载的计算与分析，是桥梁安全性的保证。

（1）桥跨结构（或称桥孔结构、上部结构）。它是路线遇到障碍（如江河、山谷或其他路线等）中断时，跨越这类障碍的承重结构。

（2）支座系统。它支承上部结构并传递荷载于桥梁墩台上，它应保证上部结构在荷载、温度变化或其他因素作用下所预计的位移功能。

（3）桥墩。它是在河中或岸上支承两侧桥跨上部结构的建筑物。

（4）桥台。它设在桥的两端，一侧与路堤相接，并防止路堤滑塌；另一侧则支承桥跨上部结构。为保护桥台和路堤填土，桥台两侧常做一些防护工程。

（5）墩台基础。它是保证桥梁墩台安全并将荷载传至地基的结构部分。基础工程在整个桥梁工程施工中是比较困难的部分，而且常常需要在水中施工，因而遇到的问题也很复杂。

2. 五小部件

所谓五小部件都是直接与桥梁服务功能有关的部件，过去总称为桥面构造，在桥梁设计中往往不够重视，导致桥梁服务质量低下、外观粗糙。在现代化工业发展水平的基础上，人类的文明水平也极大提高，人们对桥梁行车的舒适性和结构物的观赏水平要求越来越高，因而国际上在桥梁设计中很重视五小部件。这不但是"外观包装"，而且是服务功能的大问题。目前，国内桥梁设计工程师也越来越感受到了五小部件的重要性。这五小部件是：

（1）桥面铺装（或称行车道铺装）。铺装的平整、耐磨性、不翘曲、不渗水是保证行车舒适的关键，特别在钢箱梁上铺设沥青路面的技术要求甚严。

（2）排水防水系统。它应能迅速排除桥面上的积水，并使渗水的可能性降至最低。此外，城市桥梁排水系统应保证桥下无滴水和结构上无漏水。

（3）栏杆（或防撞栏杆）。它既是保证安全的构造措施，又是有利于观赏的最佳装饰品。

（4）伸缩缝。桥跨上部结构之间，或在桥跨工部结构与桥台端墙之间，设有缝隙，保证结构在各种因素作用下的变位。为使桥面工行车顺适，无任何颠动，桥工要设置伸缩缝构造。特别是大桥或城市桥的伸缩缝，不但要结构牢固、外观光洁，而且需要经常扫除掉入伸缩缝中的垃圾泥土，以保证它的功能作用。

（5）灯光照明。现代城市中标志式的大跨桥梁都装置了很多变幻的灯光照明，是城市中光彩夺目的晚景的组成部分。

二、桥梁的分类

桥梁结构两支点间的距离称为计算跨径，桥梁结构的力学计算是以计算跨径为准的。

对梁式桥而言，桥梁两个桥台侧墙或八字墙尾端的距离称为桥梁全长（无桥台的桥梁为桥面系行车道长度）。而通常又把两桥台台背前缘间距离称为桥梁总长。

我国《公路工程技术标准》JTG B01—2014 规定了特大、大、中、小桥和涵洞的跨径划分（见表4-2）。

表 4-2 桥梁按跨径分类

桥梁分类	多孔跨径长 L/m	单孔跨径 L_0/m
特大桥	L > 1000	$L_0 > 150$
大桥	$100 \leq L \leq 1000$	$40 \leq L_0 \leq 150$
中桥	$30 < L < 100$	$20 < L_0 < 40$
小桥	$8 \leq L \leq 30$	$5 \leq L_0 < 20$
涵洞	—	$L_0 < 5$

这种分类只能理解为一种行业管理的分类，不反映桥梁工程设计、施工的复杂性。国际上一般认为单跨跨径小于150m属于中小桥梁，大于150m即称为大桥。而能称为特大桥的，只与桥型有关，一般分类如表4-3所示。

表 4-3 特大桥的分类

桥型	跨径 L_0 / m	桥型	跨径 L_0 / m
悬索桥	> 1000	钢拱桥	> 500
斜拉桥	> 500	混凝土拱桥	> 300

对于梁式桥，设计洪水位线上相邻两桥墩（或桥台）的水平净距离称为桥梁的净跨径，各孔净跨径的总和，称为桥梁的总跨径。桥梁总跨径反映它排泄洪水的能力。

设计洪水位或设计通航水位与桥跨结构最下缘称桥下净空高度，桥下净空高度不得小于排洪所要求的以及对该河流通航所规定的净空高度。

桥面（或轨顶）与桥跨结构最低边缘的高差称桥梁的建筑高度。公路或铁路定线中所确定的桥面（或轨顶）标高与桥下通航或排洪必需的净空高度之差 h，又称为容许建筑高度。很明显，桥梁的建筑高度不得大于它的容许建筑高度，否则不能保证桥下的通航或排洪要求。

根据容许建筑高度的大小和实际需要，桥面可布置在桥跨结构的下面或下面。布置在桥跨结构上面的，称上承式桥；在下面的称下承式桥；在中间的称中承式桥。

上承式桥的主要优点是构造简单，施工方便；桥跨结构的宽度可做得小些，因而可节省桥墩台的用工数量；桥道布置简单，而且车辆、行人在桥面上通过时，视野开阔。所以，对城市桥来说，一般可采用上承式。

上承式桥的建筑包括主梁高度在内，所以只是在容许的建筑高度较大时才能采用。在容许的建筑高度很小的情况下，可将桥面降低，并设在桥跨结构的下面，即采用下承式桥。对大跨拱式结构则可将桥面布置在结构高度的中间，采用中承式桥。

桥梁按其用途来划分，有公路桥、铁路桥、公路铁路两用桥、农桥、人行桥、运水桥（渡槽）及其他专用桥梁（如通过管路、电缆等）。

按主要承重结构所用的材料来划分，有木桥、钢桥、圬工桥（包括砖、石、混凝土桥）、钢筋混凝土桥和预应力钢筋混凝土桥。木材易腐而且资源有限，因此，除了少数临时性桥梁外，一般不采用木桥。在工程建设中，采用最广泛的是混凝土桥（包括钢筋混凝土桥、预应力混凝土桥和圬工拱桥）和钢桥，前者多用于中小跨径桥梁，后者多用于大跨径桥梁。

按结构体系划分，有梁式桥、拱桥、刚架桥、缆索承重桥（悬索桥、斜拉桥）四种基本体系，其他还有几种由基本体系组合而成的组合体系等。

桥梁除了跨越河流之外，还有跨越其他障碍的，如跨线桥和跨越深谷桥梁等。除了固定式的桥梁以外，还有开启桥、浮桥、漫水桥等。

在混凝土桥中，按施工方法可分为整体式的的混凝土桥和节段式的混凝土桥。前者是在桥位上搭脚手架、立模板，然后现浇成为整体式的结构。后者是在工厂（或桥头）预制成各种构件，然后运输、吊装就位，拼装成整体结构；或在桥位上采用现代先进施工方法逐段现浇而成的整体结构。

第二节　桥梁的结构体系

桥梁的结构体系包括梁式（相应为梁桥）、拱式（相应为拱桥）、刚架（相应为刚架桥）、斜拉（相应为斜拉桥）、悬索（相应为悬索桥）以及各种组合体系（相应为梁拱组合桥、斜拉悬索组合桥等）。

一、梁桥

梁式体系是古老的结构体系，其特点是竖直荷载作用下无水平推力。梁作为承重结构是以它的抗弯能力来承受荷载的。梁式体系分简支梁、悬臂梁、固端梁和连续梁等。

简支梁桥和连续梁桥是应用最广泛的梁式体系桥梁。由于结构刚度大、经济性好，预应力混凝土梁式桥是最常采用的结构形式。

桥梁跨径增大，支座需要承受很大的荷载，成本就会增加。在大跨径预应力混凝土桥梁中利用高墩较小的纵向桥刚度来适应水平位移，可以在保持梁式受力体系下节省昂贵的大吨位支护，这种桥梁结构称为连续刚构桥。预应力混凝土连续刚构桥广泛应用于150m以上的大跨桥梁，最大跨径接近300m。

二、拱桥

拱式体系的主要承重结构是拱，其特点是竖直荷载作用下有水平推力。拱以承压为主来承受荷载，可采用抗压能力强的圬工材料（砖、石、混凝土）。因为拱是有推力的结构，对地基要求较高，一般常建于地基良好的地区。拱桥有上承式拱桥、中承式拱桥和下承式拱桥。其中，上承式拱桥最大跨径已达420m，中承式拱桥的最大跨径达550m。

重庆万县长江大桥，大桥一跨飞渡长江，全长85.12m，主拱圈为钢管混凝土劲性骨架箱形混凝土结构，主跨420m，桥面宽24m，为双向四车道，是当时世界上最大跨径的混凝土拱桥。

用系杆承受水平推力的拱桥称为系杆拱桥，系杆拱桥不对基础产生水平推力，对地基要求不高，且具有拱桥的美观特征，故具有非常广泛的应用，如重庆朝天门大桥为系杆拱桥。此桥长1741m，主桥为190m+552m+190m三跨连续中承式拱桥，是世界上最长跨度的拱桥。

当中承式拱桥和下承式拱桥的系杆不光能承受轴力，也能像梁一样能承受弯矩时，就可称为梁拱组合体系桥梁。

三、刚架桥

刚架桥是介于梁与拱之间的一种结构体系，它是由受弯的上部梁式结构与承压的下部柱（或墩）整体结合在一起的结构。刚架桥的整个体系是压弯结构，也是有推力的结构。由于梁与柱的刚性连接，梁因柱的抗弯刚度而得到卸载作用，可以采用比梁桥小的梁高,故一般用于跨径不大的城市桥或公路高架桥和立交桥。刚架桥分直腿刚架桥与斜腿刚架桥。

四、斜拉桥

斜拉桥是由承压的塔、受拉的索与承弯的梁体组合起来的一种结构体系。20世纪 50 年代初,前联邦德国首先修建了钢斜拉桥,梁体用拉索多点拉住,好似多跨弹性支承连续梁,使梁体内弯矩减小,降低了建筑高度,从而减小了结构自重,节省了材料。因而这种体系发展很快,各国竞相采用,是第二次世界大战后桥梁发展史上最伟大的成就之一。

当桥梁主跨为300~500m之间可与拱桥比选,500~700m之间一般选用斜拉桥,700~1000m 左右可与悬索桥(吊桥)比选,目前世界上斜拉桥的最大跨径为主跨1104m 的俄罗斯岛大桥;我国跨径最大的斜拉桥为苏通长江公路大桥,其主跨为1088m。

随着跨径的增加,梁桥的梁高增大,其自重占据荷载的比例就越来越大,大跨径预应力混凝土连续刚构桥(150m 以上)恒载比例高达 80% 以上。在150~300m 之间可以采用"部分斜拉桥"(或称"矮塔斜拉桥")来弥补梁桥和斜拉桥经济跨径的中间过渡区域,其特征为比斜拉桥较矮的主塔和比梁桥较小的梁高。

五、悬索桥

悬索桥又称为吊桥,也是具有水平反力(拉力)的桥梁结构。传统的吊桥采用地锚式,即用悬挂在两边主塔上的强大的缆索作为主要承重构件。在竖向荷载作用下,通过吊杆使缆索承受很大的拉力,故需要在两侧桥台后方修筑巨大的锚碇结构。现代吊桥广泛采用高强度钢丝编制的钢缆,以充分发挥其优异的抗拉性能,因此结构自重较轻,就能以较小的建筑高度跨越其他任何桥型无与伦比的特大跨度,常用跨径为 700m 以上。

　　传统的地锚式悬索桥承担荷载的主缆锚固在锚碇上，水平力由地基承受。但是，基于特殊的原因或者设计要求，将主缆直接锚固在主梁上，水平力由桥梁自身承担，从而取消了大体积锚碇，这就形成了自锚式悬索桥。自锚式悬索桥将原来只属于特大跨径、外表美丽壮观的悬索桥型也能用于较小跨径的城市桥梁。

第五章　轨道交通工程理论

第一节　铁道的产生

一、工业革命为铁道的诞生奠定了经济基础

铁道作为现代交通运输工具，是世界贸易发展和人类文明进步的总结。

它的出现是与资本主义世界市场的形成和工业革命的发展分不开的。15世纪末、16世纪初，西方通往东方的新航路被相继开辟，欧洲商人的贸易范围空前扩大，世界各国各地区逐渐被联为一体，为资本主义世界市场的形成创造了条件。1640年，英国发生资产阶级革命。18世纪60年代英国又开始工业革命，机器生产代替手工生产，机器大工业代替工场手工业，社会生产力获得了巨大的发展。

工业革命使英国工农业生产的水平大大提高了，经济空前繁荣，为新交通工具的产生奠定了坚实的基础。

二、铁道产生的技术基础

在铁道诞生过程中有两个主要技术环节，即冶金技术和蒸汽动力技术的发展，再加上英国历史上较早就有轨道运输经验，这些都为铁道的产生准备了技术前提。

冶金技术方面，1735年亚伯拉罕·达比父子用煤焦炭混合石灰炼铁获得成功，这一突破解决了英国国内森林砍伐殆尽、能源缺乏的问题。1760年发明的鼓风

机可以提高炉温，使生铁变为韧性铁。1783—1784 年，亨利·科特又陆续发明了搅拌炼铁技术和碾压成铁片的方法，将生铁转化为熟铁，成为可供制造机械、船舶使用的优质铁。冶金工业的发展，为新动力装置的诞生提供了更加牢固可靠的金属用品。

近代蒸汽动力技术的产生与实验科学的进程密切联系。达·芬奇早在文艺复兴时期就开始注意到蒸汽的作用。罗马山猫学院院士包尔塔的蒸汽压力提水装置，开蒸汽动力技术应用之先河。伽利略在研究物理现象的时候已经意识到大气压力的存在。而托里拆利和维维安尼最终揭开了大气压力和真空之谜，实现了蒸汽作为动力在理论上的突破。蒸汽压力实验、大气压力实验和真空作用实验这三大实验成为孕育近代蒸汽动力产生的温床。世界上最早的蒸汽机是纽科门于 1712 年在英国斯塔福德郡的蒂普顿装配起来的。在格拉斯哥大学中从事仪器制作和修理的工匠瓦特，根据比热、潜热概念分析了纽科门蒸汽机的构造，认为其主要缺点在于在汽缸内反复进行冷凝，把大量的热能浪费于汽缸中。1765 年，瓦特成功研制出了同汽缸分离的单独冷凝器，从而大大提高了蒸汽机的效率。上述工作为铁道列车的产生奠定了技术基础。

三、从木轨到钢轨的发展

行车轨道是由车辙发展来的，早期的轨道车是人力车或畜力车。轨道逐渐从石轨、板轨、木轨，发展到覆以铁条的木轨，再到铸铁轨、熟铁轨，直到现代的钢轨。轨道的形式从无凸缘到有凸缘，再到把凹缘变成轨头，让车轮带上凸缘。这是一个漫长而又合乎逻辑的演化过程，反映了技术的历史继承性。

最原始的轨道是英国特兰西瓦尼亚矿井中供矿车行驶的木轨路。16 世纪下半叶，英国部分煤矿主修建了从矿坑到最近水路的有轨道路，用四轮马车运煤。至 18 世纪，这项技术被推广到英国的大多数煤矿后，轨道有了重要的改进：一是在粗重的木轨上钉上几英寸宽的薄铁板条以抗磨损；二是为了防止车辆脱轨，采用直角形的角铁代替铁板条使轨道带上凸缘；三是发展"边缘轨道"，其上轨面较宽，轨腰较窄，轨道的底面较宽，这样大大改善了枕木的受力条件，节省了投资和养护费用。这是土木工程从原始轨道向现代轨道转变迈出的重要一步。

早期车体振动常常使轨上铁皮发生断裂或使铸铁轨断裂，一直到熟铁轨替代铸铁轨，铁路干线才具备了商业应用的可能性。用熟铁轧制的轨道，每根长度延冲到 4.572m，其截面形状有倒 U 形的、有工字形的。其中得到广泛采用的是工字形铁轨，其平底直接用道钉固定在枕木上，受力情况较好，最后演变成为当今通用的钢轨。

四、蒸汽机车的产生和改进

铁道的发展与机车的发展是紧密相连的。瓦特的蒸汽机由于气压低、产生的牵引力不足，无法直接应用在机车上。为此，特里维西克在瓦特的基础上研制了高压蒸汽机。1804 年，特里维西克的试验机车牵拉 5 辆四轮货车，载重达 10t，运行时速约 8km/h。

斯蒂芬逊父子是铁道发展史上的关键人物。1829 年，斯蒂芬逊父子将多管锅炉和利用废气排放抽风助燃两项技术同时应用到"火箭号"机车上。这台机车含有煤水车，长 6.4m，重 7.51t。为了增加燃烧时所排出的废气的抽力，他们后来特意将烟囱造到 4.5m 高，运行速度可达 29km/h。斯蒂芬逊父子不仅造车，还负责修建铁路。英国最早从利物浦至曼彻斯特总长约 48km 的铁路，就是由他们建造的。

第二节 铁道的组成与今后发展

一、铁道工程的组成

铁道的主要运输设备包括线路、机车与车辆、车站及枢纽、信号与通信设备四方面。

铁道线路是机车车辆和列车运行的基础。铁道线路是由路基、桥隧建筑物（包括桥梁、涵洞、隧道等）和轨道（包括钢轨、连接零件、轨枕、道床、防爬设备和道岔等）组成的一个整体工程结构。

路基是铁道线路的重要组成部分，由路基本体、路基防护及加固构筑物、路基排水设施三部分组成，其中路基本体是直接铺设轨道结构并承受列车荷载的部分，是路基工程中的主体构筑物。

轨道是线路的主要技术装备之一，它的作用是引导机车车辆运行，直接承受由车轮传来的荷载，并把它传给路基或桥隧建筑物。轨道必须坚固稳定，并具有正确的几何形位，以确保机车车辆安全运行。

钢轨是轨道的主要部件，用于引导机车车辆行驶，并将所承受的荷载传布于轨枕、道床及路基。同时，为车轮的滚动提供阻力最小的接触面。钢轨由轨头、轨腰和轨底三部分组成。轨头宜大而厚，并具有与车轮路面相适应的外形，以改善接触条件，提高抵抗压陷的能力，同时具有足够的支撑面积，以备磨耗；轨腰必须有足够的厚度，具有较大的承载能力和抗弯能力；轨底直接支承在轨枕顶面上，为保持钢轨稳定，应有足够的宽度和厚度，并具有必要的刚度和抗锈蚀能力。钢轨的类型习惯上以每米质量概值来表示。

轨枕是轨道结构的重要部件，一般横向铺设在下轨道床上，承受来自钢轨的压力，使之传布于道床；同时利用扣件有效地保持两股钢轨的相对位置。轨枕主要有木枕和混凝土枕两类。

钢轨与轨枕间的连接是通过中间连接零件（扣件）实现的。扣件要求具有足够的强度、耐久性和弹性，以便能长期有效地保持钢轨与轨枕的可靠连接，阻止钢轨相对于轨枕的移动，并能在动力作用下充分发挥其缓冲减振性能，延缓轨道残余变形积累。此外，还应构造简单、便于安装及拆卸。

道床铺设在路基之上、轨枕之下。机车车辆的荷载通过钢轨、轨枕并经过道床的扩散作用，散布于路基面上。道床起着保护路基的作用，同时提供抵抗轨枕纵、横向位移的阻力，保持轨道的正确几何形位，这对无缝线路尤为重要。由于道床材料的可透水性和道床便于排水的特点，能提供良好的排水性能。道床具有一定的弹性和阻力，能起到缓冲和减震的作用。

道床材料必须质地坚韧，吸水度低，排水性能好，耐冻性强，不易风化，不易压碎、捣碎和磨碎，不易被风吹动和被水冲走。可以用作道床材料的有碎石、熔炉矿渣、筛选卵石、有 50% 以上卵石含量的天然砂卵石及粗砂和中砂等。碎石是我国铁路上的主要道床材料，随着运量、轴重和速度的提高，对道床材料的要求也会越来越高。

近年来，列车运行速度的提高对线路质量提出了更高的要求，无砟轨道越来越受到重视。无砟轨道是以混凝土或沥青砂浆取代散粒碎石道床而组成的轨道结构形式，它具有轨道稳定性高、刚度均匀性好、结构耐久性强和维修工作量显著减少等特点。常见的无砟轨道形式主要有整体道床、板式轨道等。

车站是铁路运输的基本生产单位，它集中了和运输有关的各项技术设备，并参与整个运输过程的各个作业环节。车站按技术作业性质可分为中间站、区段站、编组站，按业务性质可分为客运站、货运站、客货运站，按等级可分为特等站、1~5 等站。在车站内除与区间直接连通的正线外，还有供接发列车用的到发线、供解体和编组列车用的调车线和牵出线、供货物装卸作业的货物线、为保证安全而设置的安全线路、避难线以及供其他作业的线路，如机车走行线、存车线、检修线等。

二、轨距

铁路的轨距是指两根钢轨之间的距离，即钢轨顶面下 16mm 范围内两根钢轨之间的最小距离。翻开世界铁路轨距史，轨距五花八门，窄的有 610mm、762mm 等，中等的有 1000mm、1067mm、1372mm、1435mm 等，宽的甚至达到 2141mm。

1937 年国际铁路协会裁定，将轨距为 1435mm 定为标准轨距（通常所说的"准轨"），1520mm 及以上的轨距为宽轨，1067mm 及以下的轨距为窄轨。为什么要将 1435mm 这个宽度作为世界铁道标准轨距呢？原因之一是为了纪念世界"铁道之父"斯蒂芬逊。1825 年，这位伟大的发明家就研制出最原始的"运动"号蒸汽机，拉动了世界上第一列旅客列车，曾引起轰动。当时铁道的轨距是 4.85英尺，这个尺寸来源于马车两个车轮之间的距离。古代的战车靠两匹马拉动，并排两匹马的屁股宽度决定了车轮的制式，这个宽度就被定为 4.85 英尺，折合成公制就是 1435mm。此外，当时轨距为 1435mm 的铁路在世界铁路总长中占有较大的比例。

轨距大小的合理性曾经有过争论，一般认为，宽轨或窄轨在性能上并没有十分明显的差别。最重的货车可以在标准轨上运行。自从确立了标准轨距在世界铁路的"统治"地位后，许多国家都相继将本国的非准轨铁路向准轨过渡（包括改建和新建准轨铁路）。我国铁路除了极少数的宽轨和窄轨铁路以外，绝大部分铁路均为标准轨距。所以，我国属于标准轨距类型的国家。

尽管多数国家采用的是 1435mm 宽的轨距，然而时至今日，全世界仍有 30多种不同的轨距。美国及加拿大最初亦使用不同的轨距，后来加拿大仿照英国采取标准轨。美国北部的铁路因为最初多是从英国进口器材，故亦多为标准轨。美国南部铁路曾以宽轨为主。南北内战之后，南部的铁路逐渐被改成标准轨距。19世纪俄罗斯选用的是 1524mm 宽轨，一般认为是出于军事考虑，避免入侵的军队使用其铁路运输系统。俄罗斯和属于苏联的国家，以及蒙古国、芬兰都是采用俄国的 1520mm 轨距。这比 1524mm 窄 4mm，有时两者的车辆可以互换。澳洲本来采用标准轨，后来因为某些原因而在维多利亚省及南澳州出现了 1600mm 的轨距。有些地方亦有 1067mm 的路轨。昆士兰铁路在建立之初，便使用 1067mm 的窄轨，是全世界最大的窄轨系统。日本的铁道轨距主要为 1067mm，日本建造高速铁道（新干线）时选定 1435mm 为标准轨，以提高车辆行驶的稳定性，但这导致高速铁路列车不能以原有的路轨行驶。

由于各国铁路轨距不同，严重影响了国际铁路运输的正常开展。我国是亚洲铁路里程数最多的国家，但是由于受轨距不同的制约，有 21 条铁路的连接点无法与哈萨克斯坦、吉尔吉斯斯坦、乌兹别克斯坦和塔吉克斯坦等国家连接而延伸到欧洲或非洲等国家和地区。如中国的邻国俄罗斯和蒙古国都是宽轨，越南又是窄轨，来往这些国家，要是货物运输，就得在国境站进行货物换装。即便是国际旅客列车在国境站也得更换客车的转向架及轮轨，这样必然会延长运输时间，增加运输成本。从长远来看，全面推行标准轨距仍是世界铁路发展的大趋势。

三、轮轨形式

常见的轮轨形式由两个相同的车轮通过一根车轴结合在一起，形成一个轮对。车轮由轮心和轮箍组成。轮箍的内径较轮心的外径小 1/1000~1/800，在装配时将轮箍加热到 300℃ 左右，使它膨胀，扩大内径，然后将轮心镶入，在轮箍冷却后，就会压紧在轮心外周。轮箍和钢轨接触面称为车轮踏面，车轮踏面为锥形，为防止车轮脱轨，在踏面内侧做成凸缘，称为轮缘。

钢轨的作用是直接承受车轮的巨大压力并引导车轮的运行方向，因而它应当具备足够的强度、稳定性和耐磨性。为了使钢轨具有最佳的抗弯性能，钢轨的断面形状采用"工"字形，由轨头、轨腰和轨底等组成。钢轨的类型或强度以每米长度的大致质量表示，现行的标准钢轨类型有 75kg/m、60kg/m 和 50kg/m。一根钢轨的长度长一些，可以减少接头数量，提高列车的平稳性，但受加工条件和运输条件的限制，一根钢轨的轧制长度有限。目前，我国钢轨的标准长度有 25m 和 12.5m 两种。

列车依靠车轮与钢轨之间的黏着力前进。当坡度超过一定限度时，普通的轮轨形式可能因轮轨之间黏着力不够发生滑动，所以一般铁道可以攀爬的坡度为 4%~6%。为满足攀爬陡峭的高山的需要，人们发明了一种齿轮与齿轨相契合的齿轨轨道，它在普通轨道中间的轨枕上另外放置一条特别的齿轨。行走齿轨轨道的机车，配备了一个或多个齿轮，跟齿轨啮合着行走，这样车辆便能克服黏着力不足的问题。

瑞士皮拉特斯山铁路上最斜的路段坡度达 48%，是世界上最陡的齿轨轨道。该铁路由瑞士山地铁路工程师里金巴都提出设计，从起点在琉森湖畔的皮拉图斯山脚底下的阿尔纳斯特至山顶。铁道全长 4.27km，起点的海拔高度为 441m，终点为 2070m，攀越高度为 1629m。除瑞士之外，美国、日本、智利等国家也有修建齿轨轨道。

四、运输特征

铁道运输经历了 180 年之后，与公路、水路、航空等运输方式相比，既具有一些其他运输工具所不能取代的优点，也存在阻碍铁路运输进一步发展的缺陷。

铁道运输的优点主要表现在：①运量大、运价低廉且运距长。铁路运输因采用大功率机车牵引列车运行，可承担长距离、大运输量的运输任务，而且由于列车运行阻力小，能源消耗量低，故系统价格低廉。②行驶具有自动控制性。铁路运输由于具有专用路权，而且在列车行驶时具有高度的导向性，因此，可以采用列车自动控制方式控制列车运行，以期达到车辆自动驾驶的目的。目前最先进的列车已经可以通过高科技电脑的控制，使列车的运行达到全面自动化，甚至无人驾驶的地步，从而可以大大提高运输安全，减轻司机的劳动强度。③有效使用土地。铁路运输因为以由客、货车组成的列车为基本运输单元，可以在有限的土地上进行大量的运输，因此，较之公路可以节省大量的土地，使土地资源达到最有效的利用。④污染性较低。铁路的污染性较公路为低。在噪声方面，铁路所带来的噪声污染，不仅较公路低而且是间断性的，在空气落尘污染方面也较公路小约1/4。⑤受气候条件的限制小。铁路运输由于具有高度的导向性，所以只要行车设施不损坏，在任何气候条件下，如下雨、冰天雪地，列车均可安全行驶，故铁路是营运最可靠的运输方式。

铁道运输系统的缺点主要反映在：①资本密集且固定资产庞大。铁路设施大都属于固定设备，难以移作他用，故其固定资产比例较其他运输事业高出许多，投资风险也比较高。②设备庞大不易维修，且战时容易遭到破坏。铁路的运输过程必须依赖所有设施协同配合。由于整个运输体系十分庞大，不易达到完善的维修。此外，从历史中可以发现，每次战争爆发，由于铁路设施具有国防价值，而且目标明确，总容易遭受严重破坏。③货损较高。列车行驶时的振动与货物装卸不当，容易造成所承载货物的损坏，并且由于运输过程需经多次中转，也常容易导致货物遗失。④营运缺乏弹性。公路运输一般可以随货源或客源所在地而变更营运路线，而铁路则不行，故容易产生空车回送现象，从而造成营运成本增加。

世界各国正在不断探索符合本国特点的技术发展道路。目前，在铁路技术发展水平较高的国家，大致形成了客运型、货运型和客货混运型三种运输类型，运输特征各异。客运型主要以日本为代表。日本国土面积小，铁路货运成本高，长期以来铁路货运量不断萎缩，铁路技术的发展主要是为旅客运输提供大运量、高速化的技术装备，以此为基础形成了完整的高速铁路技术体系。货运型为主的国家以美国、加拿大等为代表。由于航空和公路运输业发达，铁路承担的客运任务很少，为了满足大宗货物长距离运输需求，主要以开行万吨甚至几万吨的重载货物列车为主，形成了重载运输技术体系。客货混运型以西欧各国为代表。这些国家国土相连，人员和物资交流频繁，铁路既承担客运任务，也承担货运任务，在铁路线上普遍是客货混运。由于这些国家各种交通工具都很发达，铁路承担的客货运输任务不重，全路平均运输密度不高。为了适应竞争的需要，这些国家的铁路非常重视客货运输质量的提高，形成了客运快速、货运快捷的客货混运的技术体系。

我国铁路独有的运输特征：①客货运输并重；②数量质量兼顾；③速度、密度重量合理匹配；④运输安全情况复杂、保障难度大；⑤不同技术等级的铁路共同发展；⑥高新技术与适用技术并重，不同层次技术装备并存。

铁路运输系统是一个经历时代考验的运输工具，它庞大的系统曾经开创出无数个现代大城市。在与现代公路、航空运输等的竞争中，铁路运输充分发挥其对节省社会成本（如土地使用面积、能源消耗、空气污染等）的贡献，同时也大力改革营运技术与管理方法，以满足现代社会的运输需求。

五、铁道的今后发展

高速化是现代铁路发展的重要趋势，随着行车速度纪录的一次又一次刷新，铁路运输不断向前发展。从 1829 年铁路诞生之日到今天的 180 年间，速度从不到 50km/h 提高到了超过 570km/h，提高了约 11 倍。

1829 年，斯蒂芬逊的"火箭号"蒸汽机车通过试验区段的速度为 48km/h，取得了"赖恩山比赛"的胜利并赢得了蒸汽机装备铁路的订货合同。斯蒂芬逊之后经过不到 20 年的发展，到 1848 年法国设计的蒸汽机车运行速度已超过 100km/h，最高达到 120km/h。1890 年，法国设计的"克络珀顿"式蒸汽机车创造了 143.5km/h 的速度纪录。1903 年，德国在玛丽费尔特至措森之间的试验区段上，一台电力机车达到了 210km/h 的运行速度。1946 年，一辆美国蒸汽机车运行速度达到了 227km/h。1955 年 5 月 29 日，世界上火车速度第一次超过 300km/h 达到 331km/h 的高速度，这个纪录是由法国创造的，并保持了 26 年。法国的 TGV 高速机车在 1981 年将速度再次提到 380km/h 的高速度。火车速度超过 400km/h

这个界限的运行是由德国首次实现的。1988 年 5 月 1 日，ICE 高速列车达到了传奇性的每小时 406km 的高速度。第二年，法国一个专门用于创纪录运行的新一代 TCV 列车将速度纪录提高到了 482.4km/h。1990 年，TCV 又将速度纪录改写为 515.3km/h。2007 年 4 月 3 日，TGV 列车以 574.8km/h 的时速创造了轮轨列车速度的新纪录。

在正常运营中，法国和西班牙列车在部分铁路线上达到了 300km/h 的高速度，德国的 ICE 列车在一些区段上一般以 280km/h 的速度运行。在意大利，列车最高速度为 250km/h，而瑞典和英国的列车最高速度是 200km/h。日本是高速列车的开路先锋，新干线列车平常运行速度就达 275km/h。

中国铁路经过 1997 年、1998 年、2000 年、2004 年和 2007 年的 6 次大面积提速之后，京哈、京沪、京广、陇海、兰新、京济、武九、浙赣等线路列车速度达到 200km/h，列车速度在 120km/h 以上的线路总长将超过 22000km，部分地段列车的行驶速度将超过 200km/h。随着行车速度的提高，轨道、路基、桥梁等工程的技术标准也需要随之提高，以保证行程的安全性和舒适性。

第三节　高速轨道交通系统

一、高速铁路

目前，全世界的高速铁路网大致可以分为三种类型：新建列车最高运行速度不小于 200km/h 的客运专线，改造能使列车以 200~220km/h 速度运行的既有线路（全线或部分线路区段），改造能使摆式车体列车以 200~230km/h 速度运行的既有线路（全线或部分线路区段）。技术类型上以日本新干线、法国 TGV 和德国 ICE 最具代表性，高速铁路技术是当今世界铁路的一项重大技术成就，它集中反映了一个国家的铁路牵引动力、线路结构、高速运行控制、高速运输组织和经营管理等方面的技术进步，也体现了一个国家的科技和工业水平。高速铁路在经济发达、人口密集地区的经济效益和社会效益尤为突出。现在，世界上许多国家已把建设高速铁路作为交通运输战略发展的重要国策。

二、磁悬浮系统

轮轨黏着式铁路是利用车轮与钢轨的黏着力使列车前进的，而黏着系数随速度的增加而减小，走行阻力却随着速度的增加而加大。当速度超过黏着系数曲线和走行阻力曲线的交点时，速度就不可能再进一步提高了。如果想再进一步提高速度，同时又要做到更加安全、舒适，减轻振动和噪声，减少能耗，降低运输成本，传统的轮轨黏着式铁路是难以实现的。

为了越过这个障碍，从 20 世纪 60 年代初开始，一些发达国家就开始研究非黏着式超高速车辆。这种车辆可以分为两大类：一是气垫式悬浮；二是磁悬浮。在磁悬浮铁路上运行的列车，是利用电磁系统产生的吸引力或排斥力将车辆托起，使整个列车悬浮在铁路上，利用电磁力进行导向，并利用直线电机将电能直接转换成推进力来推动列车前进。德国和日本经过几十年的研究和试验，两国均在磁浮技术方面取得了令世人瞩目的进展，其技术已经进入实用化研究阶段。

德国和日本采用的磁悬浮制式却截然不同，德国采用常导磁吸式，而日本则采用超导磁斥式。在车辆和线路结构上，在悬浮、导向和推进方式上虽各有不同，然而基本原理却是一样的。德国从 1968 年开始研究磁浮列车，1983 年在曼姆斯兰德建设了一条长 32km 的试验线路。1987 年，它们采用的 TR06 型试验车，在该线上创造了 412.6km/h 的速度纪录。其后，TR08 型试验车又提高到 500km/h。

日本于 1972 年用 ML100 型试验车实现了 60km/h 的悬浮运行，1975 年着手修建宫崎试验线。1977 年开始对倒 T 形导轨和跨座式 ML500 型试验车进行无人驾驶试验。1979 年 12 月，在九州宫崎试验线上创造了 517km/h 的速度纪录。但因常温下的超导材料尚未出现，还未能投入商业性的载人运行。2002 年，日本的 MLX01 型试验车创造了 581km/h 的磁浮列车速度世界纪录。

目前世界上唯一一条投入商业化运营的磁悬浮线是上海磁浮示范运营线，该线西起上海轨道交通 2 号线龙阳路站，东到上海浦东国际机场站，主要满足连接浦东机场和市区的大运量高速交通需求，并具有交通、展示、旅游观光等多重功能。该线于 2002 年 12 月 31 日启用，线路正线全长约 30km，双线上下折返运行。其线路结构上部结构为用于连接长定子的精密焊接的钢结构或钢筋混凝土结构的支承梁，下部结构为钢筋混凝土支墩及桩基础。该线最高运行速度为每小时 430km，单线运行时间约 8min，每天运送旅客 1 万人次。

与传统铁路相比，磁悬浮铁路由于消除了轮轨之间的接触，因而无摩擦阻力；磁悬浮列车由于没有钢轨、车轮、接触导线等摩擦部件，可以省去大量的维修工作和维修费用；线路垂直负荷小，适于高速运行，速度可达 500km/h 以上；无机械振动，无废气排出和污染，有利于环境保护，能充分利用能源，获得较高的运输效率。另外，磁悬浮列车可以实现全盘自动化控制。因此，磁悬浮列车是未来最具有竞争力的交通工具之一。

第四节　城市轨道交通工程

1. 城市轨道交通的起源

16 世纪前，城市交通的发展只是表现为城市道路网的不断修建与完善，其交通形式则一直是步行、骑马和马车出行，直到 16 世纪中期的罗马时代才出现了公共交通。随着城市规模的逐渐扩大，对公共交通运输能力的要求也在不断增加，轨道马车应运而生。1832 年，在美国纽约市的曼哈顿街区上铺设了轨道并开始运行有轨公共马车，这就是城市轨道交通的雏形。将马车放在钢轨上行驶，可提高其速度及平稳性，还可以利用多匹马组成的马队提高牵引力，增大车辆规模，降低运行成本，因此，有轨马车在美国及欧洲得以迅速扩展。

随着城市人口及车辆的增加，在平交道口出现了交通的阻塞，这种情况在较大城市非常严重。交通的拥堵使人们想到了将交通铁路线往地下发展，以便很好地解决客流膨胀与土地紧张的问题。1843年，有"地铁之父"之称的英国律师查尔斯·皮尔逊建议修建地铁。经过20年的酝酿和建设，世界上第一条快速轨道交通地下线（地铁）于1863年1月10日在伦敦正式运营，标志着城市轨道交通在世界上正式诞生。地下铁道的诞生，为人口密集的大都市发展公共交通提供了宝贵经验，引领城市交通步入了轨道交通时代。

2. 城市隧道交通的发展

地铁发展之初，地铁列车大多采用内燃机车作为牵引动力，这导致隧道内烟雾熏天，严重影响乘车环境。直至1831年电磁感应现象的发现及发电机的诞生，把人类社会带入电的世界。此时，电力机车被成功运用于轨道交通工程，当时最成功地利用电能作为动力的交通工具要算有轨电车。1881年，德国研制出架空接触导线供电系统，使电动车辆的供电线路由地面转向空中，电动车辆的电压和功率大大提高。

1890年，英国首次用电力机车牵引车辆，地下铁道也改用电力牵引，使地铁的运行及效率得到明显提高，地铁的运行环境得到大大改善。

经过19世纪末的快速发展，在"二战"及汽车工业发展以后，城市轨道交通因汽车行业的冲击及投资成本方面存在的问题而经历了长期的停滞萎缩阶段。随后由于汽车数量过度增加、道路拥堵严重、空气噪声污染、石油资源过度消耗及停车位置紧缺等问题的出现，城市轨道交通重新得到重视并得到迅速发展，多种城市轨道交通类型相继出现。目前城市轨道交通工程已逐渐发展为地铁、轻轨、有轨电车、市郊铁路、单轨交通、中低速磁浮等多种类型，能够满足城市化发展而产生的多种交通运输要求。

3. 我国城市隧道交通的成就

随着改革开放的深入、经济实力的提高，城市对交通的需求也大大增加。我国政府加大了对城市轨道交通基础建设的投入，轨道交通建设进入大发展时期，成为世界上轨道交通发展最快的国家，拥有最大的轨道交通市场。同时，除轨道交通里程不断增加外，我国的轨道交通也由地铁这种单一的交通形式向多样化发展，如大连的快速轻轨、重庆的跨座式单轨、长沙的中低速磁悬浮等。

与此同时，根据目前我国各地城市轨道交通的建设规划，中国城市轨道交通工程的建设规模仍在不断扩大。

第六章　地下空间与隧道工程理论

第一节　地下空间简述

一、地下空间开发的历史

在漫长的人类文明发展中，地下空间的利用和开发一直是人类活动不可或缺的一部分。从远古时期的天然洞穴到现代的立体式空间城市，人类对地下空间的认识逐步提升。

早在数万年前的远古时期，人类就已经开始利用天然洞穴或地穴作为居住场所，也利用简单工具进行窑洞和墓穴的开挖。据记载，最早的地下隧道是公元前21世纪在两河流域巴比伦城中的幼发拉底河下修建的砖石砌筑人行通道。我国在东汉时期采用"火锻石法"在今陕西褒城附近修建的石门隧洞，是历史参考的最早人工开凿可通车的地下隧道。公元前5世纪左右，古罗马修建的马克西姆下水道，是世界上最早的下水道，2500年后的今天仍在使用。我国古代自夏商至明清，帝王陵寝代表着利用地下空间的最高水平，其中比较有代表性的有秦始皇陵、成吉思汗陵、明十三陵、清陵等。除此之外，还有北魏中期的云冈石窟、南北朝时期的敦煌石窟、宋代的战用坑道等。

第一次工业革命以后，人类生产力得到进一步提升，西方城市化水平不断提高，城市对空间的需求不断增大，人类将目光逐步转向如何合理利用地下空间以满足城市发展的需求。英国伦敦于1863年修建成历史上第一条地铁隧道，1890

年修建成第一条电力运行的地下铁路。日本于 1930 年开始建设地下商业街，以缓解城市用地紧张。"二战"时期，德国开始修建地下坑道式工厂。加拿大蒙特利尔自 1960 年左右开始设计和建设地下城市综合体。

我国现代城市的地下空间开发利用早期以人防工程建设为主，随后进入平战结合的发展轨道，地下商场、地下停车场开始出现，并逐渐认识到地下空间的价值。20 世纪 90 年代是我国地铁大发展的年代。北京、上海、广州等城市在建设地铁的同时，将地铁车站同周围地下商业街通过人行通道连接起来，形成以地铁车站为主导的小型商业圈。进入 21 世纪后，我国各大城市开始进行中长期的城市地下空间开发规划。

地下空间的开发是一个不可逆的过程，对地下空间的开发利用应该兼顾开发与保护相结合、地上与地下相结合、远期与近期相呼应、平时防护与战时防护相结合等原则。开发初期应该进行城市需求预测，根据城市的自然条件、发展现状和发展规划对地下空间做出合理规划；还需充分利用城市原有基础，老城区的地下空间开发以解决城市问题为主、新城区的地下空间开发以解决城市基础设施为主。

二、城市地下空间利用形式

城市地下空间的典型利用形式按其使用功能可分为以下六种：

（1）地下交通运输设施：轨道交通（地铁、轻轨）、地下铁路和公路以及各类车站、步行道路、停车场。

（2）公共服务设施：商业设施（地下商业街）、文娱设施（图书馆、博物馆、影剧院等）、体育设施。

（3）市政基础设施：给、排水管，供电、供气、供暖管线，通信管线，共同管沟。

（4）防灾设施：人防工程、蓄水池。

（5）生产储藏设施：地下物资库、动力厂、机械厂。

（6）其他设施：地下室、设备房。

城市地下空间综合体则以地下交通为导向，兼顾商用、民用、人防等工程建设，将不同使用功能的地下结构分别建于不同深度的地层中。现当代城市地下空间综合体的开发大都充分利用了城市空间的垂直特性，比较典型的有加拿大蒙特利尔地下城、法国巴黎拉·德方斯地下综合体、上海虹桥综合交通枢纽。

1. 加拿大蒙特利尔地下城

蒙特利尔地下城是目前世界上开发体量最大的城市地下空间综合体，它始建于 20 世纪 60 年代。经过 50 多年的完善，经历了诞生—萌芽—扩展—快速发展—巩固—再发展的过程，完成了以下数据：2 个火车站、2 个公交终始站、10 个地铁车站、32km 总长的地下步行系统、63 栋建筑物、380 万顷的建筑面积。蒙特利尔地下空间以地下步行系统为主导，将车站、停车场、室内公共广场、商业中心和办公楼连接成地下网络系统，形成各方面功能齐全的地下城市。蒙特利尔地下城有助于减轻路面主干道车辆与行人的交通冲突，缓解了地上停车需求，为城市保留了大片绿地。地下空间的充分利用使老城区更好地保存了地面上的已有建筑。

2. 法国巴黎拉·德方斯地下综合体

法国巴黎的拉·德方斯是全市的商务核心区。政府为减少交通和市政设施对城市景观的分割和破坏，开发了大规模的地下空间，把区域内几乎所有的交通设施都放入地下，包括 6 条公路、2 条铁路、3 个公交终始站和 2.6 万个停车位。在综合体内，车辆与行人完全分流，地面上实现了步行化，地下则是一个以交通为主的道路网，很好地体现了人车分流、立体交通的理念。

3. 上海虹桥综合交通枢纽

虹桥综合交通枢纽由枢纽交通核心区、虹桥机场用地、枢纽开发区三大部分组成。虹桥枢纽的开发以交通中心为主导功能，带动综合体内商业、文化和生态建设等功能，对地面开发的规模和强度进行严格控制，充分利用地下空间。虹桥枢纽公共设施主要集中于地下一层（地表 5m 以内），包括商业、文化、餐饮等公共活动空间，地下二层以轨道交通站厅、停车、设备空间为主，地下三层以站台层为主。

第二节　隧道类型与隧道结构

一、隧道类型

由开挖引起的地层相应复杂多变，在隧道所处地层类型的基础上，可以将隧道分为四种主要类型：

（1）明挖法隧道。在这种隧道中，地层只产生被动的静荷载作用于隧道结构，其分析方法类似于地工结构。

（2）软土隧道。在该类隧道的施工中，地层开挖后须立即施筑刚性支护。地层通常主动提供弹性抗力以约束衬砌结构的向外变形。

（3）中硬岩石隧道。这种隧道修建于中等坚硬的岩石或内聚力很大的土层中，其围岩具有足够的自稳能力，允许在开挖后暴露一定的时间。一部分地层应力在支护结构发挥作用前可以得到永久性的释放。因此，将只有小部分原始的应力作用于衬砌结构之上。

（4）硬岩隧道。该类隧道由于围岩坚硬具有很强的自稳能力，故必要时只需施筑薄层衬砌即可。

二、隧道结构

在隧道设计中，设计者需要保证隧道结构有效和安全地发挥作用，而这需要基础力学知识与岩土力学性能研究相结合。举个例子，隧道很少是平顶结构，其原因是隧道结构跨度越大，跨中部位岩土介质所受的支撑力会越小，而且平顶式隧道对崩塌也更为敏感。实际上，绝大部分的隧道都选择圆拱洞顶形式，隧道结构普遍选择圆形、马蹄形、哥特式拱形等。

除了隧道断面形状以外，结构类型和尺寸大小也十分重要。如果将隧道直径扩大为原来的两倍，开挖面积需增至四倍，隧道内表面积也将翻倍，而围岩内的应力大小将超过原来的两倍。因此，在大型隧道中支护体系的作用显得尤为重要。在工程实践中，对于把握性不是很大的隧道施工，时常采用先开挖截面较小的导洞，随后逐渐扩大至设计尺寸再设置支护结构的分部开挖方法。

在软土中广泛应用的盾构法隧道，主要有以下结构类型：

1. 圆形结构

这种类型的盾构法隧道在软土地区的地铁建设中应用十分广泛，而且与其他结构形式相比具有很多优点。首先，圆形结构十分经济且施工方便；另外，圆形的盾构机械易于生产和操作，受力性能也更好。

2. 矩形和马蹄形结构

该种结构形式不如圆形结构应用广泛，原因是其结构形式复杂、造价昂贵，而且受力情况也十分复杂。

3. 双圆盾构形式

双圆盾构已开始应用于上海地铁建设中，并将会得到进一步的推广。

第三节　隧道施工

一、铁路隧道

在我国5500多条铁路隧道中，绝大部分是采用新奥法（NATM）进行施工的。新奥法施工技术第一次被应用于铁路中的夏坑隧道。长65m、深20m的夏坑隧道所处的地层条件十分恶劣，围岩风化严重且富含地下水。在新奥法思想的指导下，隧道通过采用预裂爆破和光面爆破的方法以求尽量减少对围岩的扰动，从而成功实现了大断面的开挖。开挖后立即施作锚杆和喷射混凝土，以及时控制围岩变形，并在围岩基本稳定后施筑二次衬砌。在施工过程中，需要通过监测技术了解南岩状况并根据监测结果适时调整施工和设计方案。夏坑隧道施工的宝贵经验随后被迅速地推广至其他铁路隧道的施工建设中。如今，新奥法已经成为我国隧道设计与施工中应用最为广泛的思想和原理。我国工程师在新奥法思想的指导下，在恶劣的地质条件下完成了大量隧道的建设，极大地丰富了相关的工程经验。例如，1997年通车运营的南京—昆明铁路中的隧道就是典型的在不良地质环境中进行施工的，其中共有258条铁路隧道（全长194.6km）采用了新奥法进行施工。在施工中，围岩风化、高地应力、低埋深、应力不均、岩溶、地下水流、瓦斯和高强度地震等多种困难均被一一攻克。该工程的完成表明我国已具备了可以在绝大多数不良地质条件下修建隧道的能力。

尽管我国已修建了大量的铁路隧道，但利用TBM方法施工的只有秦岭隧道，而其他施工方法如盾构法、沉管法等也应逐步被引进至铁路隧道在特殊地质条件下的施工建设中。

二、公路隧道

在借鉴铁路隧道修建经验的基础上，公路部门也成功完成了多条大断面和水底公路隧道建设，积累了丰富的工程经验。

1. 大断面公路隧道

对于六车道的高速公路，不可避免地需要修建三车道的公路隧道。目前我国已完成多条三车道公路隧道建设，如云南的平年隧道、广州的靠椅山隧道、四川的天生平隧道等。公路部门设立了诸多关于三车道隧道结构计算、开挖方法和支护措施等方面的科研项目，取得了丰硕的科研成果并已直接应用在以上隧道的工程建设中。

2. 水底公路隧道

穿越黄浦江底的打浦路隧道，全长 2761m，位于上海市区西南角，于 1970 年通车运行。该隧道是国内第一条水底公路隧道，也是国内第一条采用盾构法施工的隧道。该隧道采用直径 11.26m 的网格式机械盾构机，并采用液压系统提供推力。

1989 年 5 月 1 日，另一条穿越黄浦江底的全长 2261m 的延安东路隧道（北线工程）投入运营，其采用的盾构类型与打浦路隧道相同。为了适应浦东开发区经济的发展和交通运输量的增长趋势，第三条穿越黄浦江底的延安东路隧道（南线工程）于 1996 年竣工完成，全长 2173m，同样是采用盾构法进行施工的。这三条越江隧道的建成为将来水底大直径盾构隧道建设积累了宝贵的经验。

另外，1994 年 1 月 8 日，第一条由我国单位独立设计施工的沉管法隧道——广州市珠江隧道投入运营。该隧道宽 33m、高 7.96m，全长 1239m（其中两岸引隧 517.5m）。该隧道中有 264m 采用矿山法施工，457m 采用沉管法施工。隧道共分四个孔，西侧两孔为双车道汽车通道，东侧一孔为双股道地铁通道，最小的孔则作为电缆管道。

这里详细介绍一下沉管隧道施工方法。沉管隧道一般从场地的一侧开始施工，但是在这之前需做大量的前期准备工作。在管段的预制期间，沉管入口（与非沉管区隧道的连接处）需要施作完成；另外，用于沉放管段的沟槽也须开挖完成。随后便可将第一节管段拖运至指定位置并准备沉放以与入口处连接。沉放工作需保证很高的精确度，以避免管段受到损坏并保证管段间止水带效用的发挥。最后，向沟槽中回填砂石以起保护隧道的作用。

沉放作业通常由水面吊船操控并在水下完成，该工序需要保证有不受干扰的工作区域。沉放作业需要消耗很多的时间，因为沉放各阶段均需进行严密的测量校核。如果施工是从场地的某一侧开始的，那么随着管段的不断续接最终将会施工至场地的另一侧从而形成整个隧道。

1995 年 8 月 8 日，我国第二条沉管隧道——浙江省再江隧道建成通车。该隧道全长 1019.53m，其中有 420m 为沉管法施工段。这两条沉管隧道的圆满竣工意味着我国已基本掌握了沉管法隧道施工技术。

最后介绍一下用于跨越海峡、海湾和湖泊的悬浮隧道。悬浮隧道是沉管隧道的一种特殊形式，其特殊性表现在沉管管段不是埋在水底沟槽内，而是悬浮于水中，隧道结构用锚索或墩基础与海底地基相连。这种隧道可以很方便地与郊区道路网或城市设施相连接。

三、地铁

中国第一条地铁建于北京市，并于 1969 年投入运营。随后，分别于 1980 年、1994 年、1998 年开始在天津、上海和广州修建地铁。到目前为止，这四座城市中已建地铁总长近 2000km。

20 世纪 60 年代和 80 年代的北京与天津地铁修建中，由于当时市区建筑物分布较为分散，明挖的施工方法得到了广泛的应用。虽然明挖法会对居民的生活造成较大的干扰，但具有造价低和施工速度快等优势。

20 世纪 80—90 年代，随着城市经济的迅速发展，盾构法和矿山法在地铁施工中得到了广泛的应用。这两种方法可以有效减少施工对城市交通、市民生活的干扰，并可避免对周围建筑物和管线安全造成影响。

在上海一号线建设时，从国外共进口了 7 台盾构机设备，被成功用于市区的高层建筑和繁华街区处地铁隧道的建设之中。盾构推进的平均速度为 150m/月，最大时可达 320m/月。后来，盾构法也被应用于广州一号线的区间隧道修建中。

除了盾构法外，新奥法被广泛应用在北京复兴门—八王坟线和广州一号线的地铁车站及区间隧道修建中。新奥法仍然是我国地铁建设中最为重要的方法之一。

近几年，盖挖法开始在我国地铁车站的修建中得到广泛应用。盖挖法于 20 世纪 90 年代首先被应用在上海地铁一号线的三座车站建设中，随后也被北京复兴门—八王坟线和广州一号线所采用。

四、水工隧道和地下厂房

关于水工隧道和地下厂房的建设，在我国有三个典型的工程实例：

（1）天生桥水电站。该水电站修建于20世纪80年代，设有三条引水隧洞，每条隧洞直径10.4m、长9.78m，处于岩溶地层中。为了加快施工速度，特地从国外进口了两台直径10.8m的二手TBM掘进机。由于受岩溶、泥石流和地下河等不良地质影响，工程进展缓慢且落后于预定计划。

（2）甘肃引入大秦工程。该工程于1995年建成通水，隧洞总长11.649km，直径5.53m。通过采用两台TBM掘进机施工，工程在短短的13个半月就竣工完成了。

施工期间创下了单日最大掘进65.5m、月最大掘进1300m的纪录，从而使得该工法引起了国内的广泛关注。随后，铁道部便开始考虑将TBM掘进机应用于铁路隧道的建设之中。

（3）在建的山西万家寨引黄工程，由总干线、北干线和南干线组成，包括192km长的隧洞。其中，最长的7号隧道长达43km，就是采用TBM掘进机进行的开挖。

在地下厂房建设方面，建于20世纪60年代的刘家峡水电站地下厂房，宽24.5m、高62.5m。20世纪80—90年代，在白云、鲁布革、东风、广州和十三陵抽水蓄能电站也修建了许多地下厂房。

第七章　水利工程理论

第一节　概述

　　水是人类社会生存和发展的基本物质条件，古代四大文明都以大河流域为发源地。古巴比伦文明发源于两河（幼发拉底河和底格里斯河）流域，印度河、恒河流域是印度文明的发源地，尼罗河孕育了古埃及文明，黄河、长江是华夏民族的摇篮。现代大城市及人口密集区多分布于江河两岸和沿海区域。然而陆地上的淡水资源总量只占地球上水体总量的 2.53%。人类目前比较容易利用的淡水资源主要是河流水、淡水湖泊水及浅层地下水。这些真正可有效利用的淡水资源占全部淡水的 0.3%，仅为全球总水量的十万分之七。

　　研究水利活动及其对象的技术理论和方法的知识体系称为水利科学。水利工程的发展与人类文明有着密切的关系。古埃及、古巴比伦和古印度的水利工程可追溯到公元前四五千年，美洲的玛雅文明和印加文明的水利遗迹距今也有两三千年以上。19 世纪下半叶出现了钢筋混凝土，进一步推动了水利工程建筑物的革命性发展。19 世纪 70 年代，出现了水电站，各种大型水利工程不断涌现，如尼罗河的阿斯旺水坝、亚马孙河的伊泰普水电站、科罗拉多河的胡佛水坝、我国长江的三峡水利枢纽，密西西比河、巴拿马运河以及我国长江和珠江上的航道治理工程等。

　　阿斯旺水坝位于埃及境内的尼罗河干流上，是一座大型综合利用水利枢纽的工程。工程始建于 1960 年，竣工于 1970 年，具有灌溉、发电、防洪、航运、旅游、水产等多种效益。大坝为黏土实心墙堆石坝,最大坝高 111m,最高蓄水位 183m,水库总库容 1689 亿吨,电站总装机容量 210 万 kW,年发电量 100 亿 kW·h。水坝的建成对埃及的社会发展起到了巨大的作用,供应了埃及一半的电力需求,并阻止了尼罗河每年的洪灾泛滥。但阿斯旺水坝带来巨大水利效益的同时,也引起了一系列负面效应。由于泥沙被阻于库区上游,下游灌区的土地得不到营养补充,造成可耕地的土质肥力持续下降;河水不再泛滥之后,地下水位上升使深层土壤内的盐分被带到地表,导致土壤盐碱化;由于上游泥沙来源骤减,尼罗河下游的河床遭受严重侵蚀,尼罗河出海口处海岸线减退。这些问题说明水利工程在带来效益的同时也会引发新的问题,警示着人类在进行水利工程建设的同时必须综合研究预测工程可能带来的生态环境等问题。

密西西比河是北美洲流程最长、流域面积最广、水量最大的河流。密西西比河的航运始于 18 世纪初。19 世纪,开始对航道进行整治。20 世纪初,开始在河道上修建通航闸坝,共建成船闸 100 多座,全水系形成了统一的航道。20 世纪 30 年代起,在密西西比河下游开展了大规模的防洪工程建设,修建了堤防 3540km,4 座分洪道,总分洪能力达 56600m³/s。密西西比河在科研、工程、立法以及生态保护等方面的治理经验在世界各国的河流治理中起到了非常有益的借鉴作用。

我国广大劳动人民在开发水利资源、治理水患灾害方面,积累了宝贵的经验,建设了不少成功的水利工程。其中的典型代表,如秦国(公元前 256 年前后)修建的都江堰水利工程,采用无坝引水建筑形式,运用水动力学原理,实现了水分"四六",既保证内江灌溉用水需要,又防止灾害发生,被国内外水利专家誉为"大自然的水利工程"。又如,举世闻名的京杭大运河,北起北京,南至杭州,沟通了海河、黄河、淮河、长江、钱培江五大水系,在历史上为发展南北交通、沟通南北经济文化做出了巨大的贡献,且至今仍在南水北调工程中发挥着重要的作用。

中华人民共和国成立后,水利工程得到全面、快速发展。修建了官厅、佛子岭、密云、南山等大型水库，为防洪、蓄水服务；修建了三峡、小浪底、三门峡、葛洲坝等水利枢纽，具备防洪、蓄水、发电等综合功能；修建了东深供水、引滦入津、引黄济青、南水北调等跨流域的引水工程。进入 21 世纪，水利事业在推动我国经济发展和提高人民生活质量方面的作用越发重要。

水利工程学科是一门综合性学科，致力于合理利用海洋、河流、湖泊和地下水等自然水资源以及防止水灾的研究。换言之，水利工程是从事水资源勘探、利用、保护江河湖海整治和疏浚，水利电力工程、农田水利、海岸和近海工程的研究、设计、施工和维护的工程学科。水利工程涵括水文学与水资源、水力学与河流动力学、水利水电工程、水工结构工程以及港口航道与海岸工程等多个分支。

海洋中的水，在太阳的辐射下，从其表面蒸发至大气中形成可以移动的气团，凝结成雨云，形成雨、雪或冰霜降落到地面或海洋中，落到地面的水体形成大量地面径流和地下径流经河涌流入海洋，组成地球上的部分水体从海洋到大气再回到海洋的循环运动。这部分水体称为流动水，而这种复杂的水循环体系则称为水文循环，与水文循环相对应的学科即水文学。水文学探讨的是地球上各种水体（江、河、湖、海）的存在、循环和分布，化学和物理性质以及它们对环境的影响。而应用于实际工程的水文学称为工程水文学，包括控制或利用河涌和海洋资源所建工程的规划、设计、施工与运行管理所需要的水文学知识。

水力学是用实验和理论分析的方法研究水的平衡和机械运动规律及其在工程中应用的一门学科。水力学的内容主要包括三大部分：①静力学。研究水体处于静止状态时，作用于水体上各种力之间的关系。②水动力学。研究水体处于运动状态时，作用于水体上的力与各运动要素（如速度、加速度等）之间的关系以及运动特性与能量转换规律等。③水力计算。研究管流、明渠流、堰流以及地下水的水力计算问题等。

第二节　水利水电工程

水利水电工程是水利工程中非常重要的一部分，是指对自然水资源进行控制和调配，以达到除水害兴水利目的而修建的工程。前者主要是防止洪水泛滥和洪涝成灾，后者则是从多方面利用水资源为人类造福，如中国古代的都江堰工程、现代的三峡工程等。

水利水电工程的内容有水资源的开发利用、挡水建筑物、泄水建筑物、取水和输水建筑物、水电站及水电站建筑物、农业水利工程、水土保持、防洪治河工程等，包括勘测、规划、设计、施工和管理多方面的知识。它是一门综合性学科，在学科体系中包括基础性学科（如数学、物理、地理等）、专业基础学科（如工程水文学、河流动力学、固体力学、土力学、岩土力学等）和专业学科（如水资源综合利用、水工学、河工学、灌溉与排水、水力发电、航道与港口、城镇给水排水等）。

为了综合利用水资源，使其为国民经济各部门服务，充分达到防洪、灌溉、发电、给水、航运、旅游开发等目的，必须修建各种水工建筑物以控制和支配水流。这些建筑物相互配合，构成一个有机的综合整体，这种综合体称为"水利枢纽"。根据水利枢纽综合利用情况，可以分为下列三大类：

（1）防洪发电水利枢纽：蓄水坝、溢洪道、水电站。

（2）灌溉航运水利枢纽：蓄水坝、溢洪道、进水闸、输水道、船闸。

（3）防洪灌溉发电航运水利枢纽：蓄水坝、溢洪道、水电站、进水闸、输水道（渠）、船闸。

一、防洪工程

防洪是水利工程的一个最主要目标。洪水是因大雨或融雪在短时间内快速汇入河流的大量水流，可造成江河沿岸、冲积平原和河口三角洲与海岸地带的淹没。洪水的大小或淹没的范围与时间既有一定的规律性，同时又具有不确定性与偶发性。防洪工程是控制、防御洪水以减免洪灾损失而修建的工程，是人类与洪水灾害斗争的手段。它能保障居民的生命财产安全，促进工农业生产的发展，取得生态环境和社会经济的良性循环。

防洪工程的主要功能可分为拦阻、分洪、排泄和蓄滞洪水四方面。阻挡是指运用工程措施来"挡"住洪水，保护对象不受洪水袭击，具体措施包括坡地治理，如农田轮作、整修梯田、植树造林及修筑堤防。分洪是当河道洪水位将超过保证水位或流量，即超过安全泄量时，为保障保护区安全而采取的将超额洪水分泄的措施，它是牺牲局部保存全局的措施。排泄是充分利用河道本身的排泄能力，使洪水安全下泄。

防洪工程按形式可分为堤防工程、河道整治工程、分洪工程和水库等。堤防工程是沿河、渠、湖、海岸边或行洪区、蓄洪区、围垦区边缘修筑堤防的工程。堤防常见的形式有土堤、石堤、防洪墙等，橡胶坝也可在水头差不大时作为堤防使用，或作为临时性堤防。河道整治工程是按照河道演变规律，因势利导，调整、稳定河道主流位置以适应防洪、航运、供水、排水等国民经济建设要求的工程措施。分洪工程是利用洪泛区修建分洪闸，分泄河道部分洪水，将超过下游河道泄洪能力的洪水通过泄洪闸泄入滞洪区或通过分洪道泄入下游河道或其他相邻河道中，以减轻下游河道的洪水负担。水库防洪是利用水库的防洪库容调蓄洪水，以减免下游洪灾损失。水库防洪一般常与堤防、分洪工程、非工程措施等配合组成防洪系统，通过统一的防洪调度共同承担其下游的防洪任务。

二、船闸

船闸是不采用建坝而在河流上形成集中水位差的一种过船建筑物，亦称过坝建筑物。秦始皇时代，开凿了灵渠，沟通了湘江和漓江。为了克服两江水位的落差，唐朝宝历年间，李渤监修灵渠，创设陡门（闸门）18座，船驶入一陡后把陡门关闭，等水积满后再前进一级，这是船闸的雏形，比1375年在欧洲荷兰出现的"半船闸"约早400年。到了宋朝，乔维岳在灵渠创二陡门（"二门相距五十步，复以夏屋，设悬门，积水后平及泄之，而舟运往来无滞"），这是世界上最早的船闸。现代船闸由上下闸首、闸门、闸室等组成。船闸室灌水和泄水，使水位升降，像一种特殊的水梯，但它不像普通电梯和升船机那样靠电力升降。船闸的闸首、闸室都是固定不动的水上建筑物，由闸首、闸门、闸室围成固定不动的闸隔，起挡水作用。船舶过闸时，由廊道和阀门构成的输水系统向闸室灌水，闸室水位上升；或闸室向外泄水，闸室水位降落。停在闸室的船舶靠水的浮力，随闸室的水位升降，与上游或下游水面齐平，达到克服水位差的目的。因船舶过闸是由水的浮力来升降的，营运费用比较低，因此船闸是过船建筑物中的一种主要形式。

船闸种类很多，按照不同的特征，如闸室数目、位置、功能、输水形式、结构形式、闸门形式等，船闸可以分为不同的类型。按照船闸纵向相邻闸室的数目，船闸可以分为单级船闸、两级船闸和多级船闸，单级船闸又称单室船闸，沿船闸纵向仅有一个闸室，是国内外最广泛采用的船闸。当过闸船队种类较多、尺度又相差较大时，为缩短船队过闸时间和减少耗水量，在闸室中设中间闸首，将闸室分为两段，称为有中间闸首的单级船闸。船队过闸时，根据船队长度的需要使用闸室的一段或两段：使用一段时，中间闸首起挡水作用，另一段闸室是航道；使用两段时，中间闸首则是闸室长度的一部分。

相邻闸室数目为两个或两个以上时称为两级船闸或多级船闸，当水头较高或地形、地质等技术经济条件需要限制单级船闸水头时，需考虑建二级或多级船闸。

按船闸横向相邻闸室数目，船闸可分为单线船闸、双线船闸和多线船闸。在双线船闸和多线船闸中，又有并列式双线船闸和有两条航线的双线和多线船闸；当水头较高，地形地质合适，在下闸首工作闸门的上部建一道横跨闸首的胸墙与下闸门共同投水，胸墙下缘满足通航净空要求的船闸称为井式船闸。单级船闸和多级船闸均可采用井式船闸；闸室宽度大于闸道口闸门宽度的船闸称为广室船闸，又有闸室向两侧展宽和一侧展宽的两种，一般只在Ⅳ级航道以下才采用；为节省过闸用水量，在闸室的一侧或两侧设置贮水池的船闸称为省水船闸。在水位变幅大，暴涨暴落的山区河流中，船闸闸顶往往低于最高洪水位。当出现高于上游设计最高通航水位的洪水时，洪水将漫过船闸闸门顶溢洪，这时船闸停航，称为溢洪船闸。这种船闸虽可节省工程费，但船闸溢洪时，闸门需安全锁定和船闸工作条件复杂，只有小船闸才采用。

三、水力发电

水力发电一般是利用江河水流具有的势能和动能来下泄做功，推动水轮发电机转动发电产生电能。煤炭、石油、天然气和核能发电，需要消耗不可再生的燃料资源，而水力发电以水为能源，水可周而复始地循环供应，是永不会枯竭的能源。更重要的是，水力发电不会污染环境，成本要比火力发电低得多。世界各国目前都已开发本国的水能资源，我国的大江大河具有巨大的径流落差，形成了储藏量丰富的水电能资源。

水能资源开发按集中落差的方式分为坝式、引水式和混合式三种。

1. 坝式（或称抬水式）水电站

拦河筑坝或闸来提高开发河段的水位，使原河段的落差集中到坝址处，从而获得水电站发电所需的水头。坝址上游常因形成水库而发生淹没。厂房建在坝下游侧，不承受坝上游水面压力的这种形式称为坝后式水电站。若地形、地质等条件不允许筑高坝，也可筑低坝或水闸来获得较低水头，此时常利用水电站厂房作为挡水建筑物的一部分，使厂房承受坝上游侧的水压力，这种水电站称为河床式水电站。两类水电站的常用建筑物包括水库、溢流坝、非溢流坝及厂房枢纽（含变电、配电建筑物）等。坝式开发方式有时可以形成较大的水库，水电站能进行径流调节成为蓄水式水电站。若不能形成供径流调节用的水库，则水电站只能引取天然流量发电而成为径流式水电站。

2. 引水式水电站

沿河修建引水道，使原河段的落差集中到引水道末厂房处，从而获得水电站的水头。沿河岸修建坡度平缓的明渠来集中落差，称为无压引水式水电站。该水电站的常用建筑物包括水库、拦河坝、泄水道、水电站进水口、无压引水道（渠道）、调节池、压力管道、厂房枢纽（含变电、配电建筑物）及尾水渠等。用有压隧洞或管道来集中落差，称为有压引水式水电站。利用引水道集中水能，不会形成水库，也不会形成水电站上游淹没的情况，故这种形式属于径流式开发。

3. 混合式水电站

混合式水电站指河段上游用坝集中上部落差，再用引水道集中坝下游部分落差而获取水头的一种水能开发方式。混合式水电站一般是在开发河段上有落差，但在某一段可能不适合建坝或设引水道，这种形式多为蓄水式水电站。

此外，抽水蓄能的电站和海洋能（潮流、潮汐和波浪）电站也是水电站的重要形式。

第三节 水工建筑物

水利工程中的工程建筑物统称为水工建筑物。水工结构工程学是研究水工建筑物勘测、设计、施工及运营维护等方面的学科，如水工建筑物的设计理论及方法、施工技术、健康监测技术、抗震分析理论以及可靠度研究等。它是在长期实践的基础上经过总结积累，并应用数学、固体力学、流体力学和其他很多学科理论的专门工程学科。与水利工程一样，水工建筑物历史悠久，早在公元前 2900 年，埃及就在尼罗河上建造了一座高 15m、长 240m 的拦水坝。中国从春秋时期开始，就在黄河下游沿岸修建堤防，经历代整修、加固、新建，形成长约 1500km 的黄河大堤。公元前 256—前 251 年兴建并沿用至今的都江堰工程，利用鱼嘴分水，飞沙堰泄洪、排沙，宝瓶口引水，是引水灌溉工程的典范。

近年发展的防洪、灌溉、发电、航运等多目标的水利枢纽中均含有种类繁多的水工建筑物。按其在枢纽中所起的作用可以分为以下几种类型：

（1）挡水建筑物。用于拦截江河形成水雨或壅高水位的坝和水闸，为防御洪水或阻挡海潮沿江河海岸修建的堤防、海塘及挡潮闸等。

（2）泄水建筑物。用于排泄多余水量，排放泥沙和冰凌，或为检修以保证坝和其他建筑物安全的建筑物，常见的泄水建筑物有溢流坝、泄水孔、溢洪道和泄水隧洞等。

（3）输水建筑物为满足灌溉、发电和供水的需要，从上游向下游输水用的建筑物，如引水渠、船闸的引航道、引水隧洞、引水涵管等。

（4）取（进）水建筑物。其是输水建筑物的首部建筑，如引水隧洞的进口段、灌溉渠首和供水用的进水闸、扬水站等。

（5）整治建筑物。用于改善河流的水流条件，调整水流对河床及河岸的作用以及为防护水流和波浪对岸坡堤防冲刷的建筑物，如丁坝、顺坝、护底和护岸等。

（6）专门建筑物是为灌溉、发电、过坝而兴建的建筑物。如专为发电用的调压室、电站厂房，专为渠道设置的沉沙池、冲沙闸，专为过坝用的船闸、升船机、鱼道等。

有些水上建筑物的功能并不单一，而是具有双重功能，如溢流坝既是挡水建筑物，又是泄水建筑物；水闸既可挡水，又能泄水。

一、挡水建筑物

典型的挡水建筑物为大坝，按结构形式分，主要有重力坝和拱坝。按大坝的建筑方式分，可分为砌体坝和土石坝。按大坝建造所用的主要材料分，又可分为混凝土砌体坝、钢筋混凝土砌体坝、石砌体坝等。

1. 重力坝

重力坝是利用结构自重来维持稳定的坝，是一种古老且应用广泛的坝型。我国长江三峡水利枢纽采用的就是重力坝，坝高 181m。

重力坝因具有对地形、地质条件适应性强，水利枢纽泄洪问题容易解决，结构受力明确、施工方便和安全可靠等特点，在水利水电工程中得到广泛应用。

重力坝按其结构形式可分为实体重力坝、宽缝重力坝、空腹重力坝、预应力重力坝、装配式重力坝等。

实体重力坝结构简单，其优点是设计和施工均较方便、坝体稳定、应力计算明确；缺点是扬压力大（扬压力为分布于坝体水平截面上的向上孔隙水压力）、工程量较大，坝内材料的强度不能充分发挥，易造成浪费。宽缝重力坝与实体坝相比，具有低扬压力、节省工程量（10%~20%）和便于坝内检查及维护等优点；缺点是施工较为复杂，模板用量较多。空腹重力坝可进一步降低扬压力，节省工程量，并可以利用坝内空腔布置水电站厂房，坝顶溢流宣泄洪水，利于解决在狭窄河谷中布置发电厂房和泄水建筑物的矛盾；缺点是腹孔附近可能存在一定的拉应力，局部需要配置较多的钢筋，施工也比较复杂。预应力重力坝的特点是利用预加应力措施来增加坝体上游部分的压应力，提高抗滑稳定性，从而减小坝体剖面。空腹重力坝一般在小型工程和除险加固工程中使用。装配式重力坝是采用预制块组装筑成的坝，可提高施工质量和降低坝的温度，但要求施工工艺精确，接缝应有足够的强度和防水性能。

2. 拱坝

拱坝是浇结于基岩的空间壳体结构，在平面上呈凸向上游的弧形拱圈，拱圈的两端支承在两岸岩体中。拱坝的垂直截面为直立或向中游凸出的曲线形，底部一般浇结在岩石基础上。坝体结构既有拱作用又有梁作用，其承受的荷载一部分通过拱的作用压向两岸，另一部分通过竖直梁的作用传到坝底基岩。

拱坝具有拱形建筑物受力好的特点，充分利用了混凝土抗压强度的性能，从而可以减薄坝体厚度，节省工程量。拱坝的体积比同一高度的重力坝可节省 $1/3\sim2/3$，以此，其是一种经济性优越的坝型。另外，由于拱坝的稳定主要依靠两岸拱端的反力作用，不像重力坝那样依靠自重来维持稳定，因此拱坝对坝址的地形、地质条件要求较高，对地基处理的要求也较严格。此外，由于拱坝剖面较薄，坝体几何形状复杂，因此对于施工质量、筑坝材料强度和防渗要求等都较重力坝严格。

按最大坝高处的坝底厚度 T 和坝高 H 之比，拱坝可分为薄拱坝（ $T/H < 0.2$ ）、中厚拱坝（ $T/H=0.2\sim0.35$ ）和厚拱坝（ $T/H > 0.35$ ）。按拱坝体型分，有圆筒拱坝、单曲拱坝和双曲拱坝。按水平拱圈的形式分，有圆弧拱坝、二圆心不对称拱坝、三圆心拱坝、抛物线拱坝、椭圆拱坝和对数螺旋线拱坝。

3. 土石坝

土石坝是土坝、堆石坝和土石混合坝的总称。坝体以土料和砂砾料为主的称为土坝；坝体以石渣、卵石或块石为主的称为石坝；土料和石料各占一定比例的坝体称为土石混合坝。土石坝采用土、石料堆筑而成，主体筑坝材料量大，只能取材于坝址附近，也称为当地材料坝。土石坝是历史最为悠久的一种坝型，也是世界上坝工建设中应用最为广泛的一种坝型。

土石坝按土料分布情况分为以下几种：

①均质坝。坝体主要由一种土料组成，同时起防渗和稳定作用。

②土质防渗体分区坝。由相对不透水或弱透水土料构成坝的防渗体，以透水性较强的土石料组成坝壳或下游支撑体。

③非土质材料防渗坝体。以混凝土、沥青混凝土或土工膜做防渗体，坝的其余部分则用土石料进行填筑。

按施工方法划分：

①碾压式土石坝。用分层铺填、分层碾压的方法修筑的坝，是应用最广泛的土石坝。

②水利充填坝。利用水力输送土料的方法来填筑施工的坝。

③水中填土坝。将土料一层层地倒入由许多小土堤围成的静水中，使土料崩解后，再重新排水固结成坝。

④定向爆破堆石坝。在坝址地形合适的情况下，按预定设计要求爆破两岸山体，使爆出的岩石抛向预定筑坝位置，一次筑坝成形。

碾压式土石坝划分：

①均质土坝。坝体剖面的全部或绝大部分由一种土料填筑。

②塑性心墙坝。用透水性较好的砂或砂砾石做坝壳，以防渗性较好的黏性土作为防渗体设在坝的剖面中心位置，心墙材料可用黏土也可用沥青混凝土和钢筋混凝土，坝剖面较均质土坝小，工程量少。

③塑性斜墙坝。防渗体布置在坝剖面的一侧，优点是斜墙与坝壳之间的施工干扰相对较小，在调配劳动力和缩短工期方面比心墙坝有利。缺点是黏土量及总工程量较心墙坝大，抗震性及对不均匀沉降的适应性不如心墙坝。

④多种土质坝。使用多种土料填筑的坝。

⑤土石混合坝。上述的多种土质坝的一些部位用石料代替砂料后筑成的坝。

二、泄水建筑物

常用的泄水建筑物有：①低水头水利枢纽的滚水坝、拦河闸和冲沙闸；②高水头水利枢纽的溢流坝、溢洪道、泄水孔、泄水涵管、泄水隧洞；③河道分泄洪水的分洪闸、溢洪道；④渠道分泄入渠洪水或多余水量的泄水闸；⑤涝区排泄涝水的排水闸、排水泵站。本节以水上隧洞为例介绍泄水建筑物。

水上隧洞按其用途，可分为泄洪隧洞、发电引水隧洞、尾水隧洞、灌溉和供水隧洞、放空和排沙隧洞、施工导流隧洞等。按隧洞内的水流流态，又可分为有压隧洞和无压隧洞。从水库引水发电的隧洞一般是有压的；灌溉渠道上的输水隧洞常是无压的，有的干渠及干渠上的隧洞还可兼用于通航；其余各类隧洞根据需要可以是有压的，也可以是无压的。

水利枢纽中的泄水隧洞主要包括下列三个部分：

（1）进口段。位于隧洞进口部位，用以控制水流，包括拦污栅、进水喇叭口、闸门室及渐变段等。

（2）洞身段。用以泄放和输送水流，一般都需进行衬砌。

（3）出口段。用以连接消能设施。无压泄水隧洞的出口仅设有门框，有压泄水隧洞的出口一般设有渐变段及工作闸门室。

三、取水和输水建筑物

1. 取水建筑物

取水建筑物又称取水口或进水建筑物。取水建筑物建于河岸或水流的一侧，用于引取符合要求的发电、生活用水。由于工程中利用水源的目的不同，所采用的取水方式也不同。例如，水力发电工程中取水建筑物采用自流进水，生活供水和灌溉取水工程中采用抽水机扬水取水方式以供给高处利用，河川径流取水常见的取水方式有无坝取水和有坝取水。

2. 输水建筑物

输水建筑物又称引水建筑物，即把水从一处输送到另一处的水上建筑物。输水建筑物包括引（供）水隧洞、输水管道、渠道、渡槽及涵洞等，是灌溉、水力发电、城镇供水、排水及环保等工程中的重要组成部分。其可分为无压（如渠道）和有压（如隧洞、压力水管等）两种。为了满足农田灌溉、水力发电、工业及生活用水的需要，在渠道（渠系）修建的水工建筑物，又统称为渠系建筑物。

第四节　港口航道与海岸工程

随着世界贸易的不断发展以及海岸线资源开发利用的日趋频繁，港口航道与海岸工程的重要性不断凸显，并成为一门不可或缺的水利工程学科。港口航道与海岸工程以水力学、工程水文学、河流动力学、河床演变、海岸动力学、港口规划与布置等为基础，主要内容包括港口工程、航道工程与海岸工程的勘测、规划、设计、施工和管理等。

一、港口工程

港口是具有一定的水域和陆域面积及设备条件，供船舶安全进行货物或旅客的转载作业和船舶修理、供应燃料或其他物资等技术服务和生活服务的场所。港口是水陆运输的枢纽、旅客和货物的集散地，是国内外贸易物资转运的联结点。港口工程是指兴建港口所需的各项工程设施，包括港址选择、工程规划设计及各项设施（如各种建筑物、装卸设备、系船浮筒、航标等）的修建。港口工程的目的是港口建成后，船舶能安全进入、驶离港口，顺利靠泊码头和进行装卸作业，以完成预期的货物吞吐和旅客运送任务等。

港口最基本的属性是运输属性，同时港口还具有非运输属性的不同功能。港口按用途可分为商港、渔港、军港、避风港和工业港；按国家政策可分为国内港、国际港和自由港；按地理位置可分为海港、河港、湖港与水库港，其中海港又可分为海湾港、海峡港和河口港；按成因可分为天然港和人工港；按港口水域在寒冷季节是否冻结可分为冻港和不冻港。

港口由水域和陆域两大部分组成。港口水域是指港口界线以内的水域面积，主要包括进出港航道、锚泊地和港池；港口陆域指港口供货物装卸、堆存、转运和旅客集散之用的陆地面积，主要由码头、港口仓库及货场、铁路及道路、装卸及运输机械、港口辅助生产设备等组成。

码头是港口作业的中心，为码头建筑物及装卸作业地带的总和。码头有以下几种常见形式：

1. 顺岸式布置

码头前沿线大体上与自然海岸线平行或呈较小角度的布置方式。这种布置形式是河港常见的布置形式。一些围填海形式的深水港码头由于岸线充足也大多采用顺岸式布置。

2. 突堤式布置

码头前沿线与自然海岸线呈较大角度的布置形式，如大连港东西港区的布置。突堤码头与岸线或顺岸码头呈斜角布置，一般要求交角不小于45°或不大于135°，角度越小岸线利用越低。突堤式布置多用于海港。

3. 嵌入式布置

码头、港池水域是向岸的陆地内侧开挖而成的布置形式，多见于河港和河口港。

4. 沿防波堤内侧布置

码头沿防波堤内侧布置是常见的，一般多布置在堤根部位，可以取得减少码头投资的效果，也有为了减少挖泥将泊位布置在防波堤深水部位。当需要改善沿堤布置泊位的泊稳条件时，可增设与防波堤轴线近似垂直的短堤。

5. 岛式布置及栈桥布置

码头布置在离岸较远的深水区，一般为开放式的，不设防波堤。当发生超过作业标准的自然条件时，泊位停止作业，船舶暂时离开码头。这种布置是为了适应现代大型油船而发展起来的一种深水码头。

大型工散货码头亦多采用开敞式布置，通过布置在栈桥上的工艺设备与岸连接，故将此类码头称为栈桥式布置。大型原油码头，当深水区距岸不太远时，亦有采用开敞的栈桥式布置，如湛江港30万吨级栈桥式油码头、青岛港黄岛20万吨级油码头等。

随着世界经济贸易的发展，港口工程正向着港口功能多元化、基础设施大型化、航道深水化和管理信息化四个方向发展。

二、航道工程

我国是世界上最早利用水运的国家之一。早在 4000 年前，我国人民就临河聚居，制造木舟，发展水上运输。大禹时代就已"分四渎而为贡道"，使当时中原地区的江、河、淮、济四条大河都能通航。春秋时期（公元前 506 年），我国首开胥溪运河。它是世界上最早的运河，较欧洲最早的瑞典果达河早 2300 多年。公元前 84 年，吴国开挖运沟，沟通长江和淮河，是凿通南北大运河的先声。自隋朝起，经过历代劳动人民的辛勤劳动，直到元朝，工程浩大，贯通南北，连贯海河、黄河、淮河、长江和钱塘江五大水系的京杭大运河终于完全打通，全长 1794km。

中华人民共和国成立后，经过不断建设，截至 2020 年全国内河航道通航里程达到了 12.77 万公里，其中高等级航道达标里程 1.61 万公里。航道工程通常包括以下几个方面：航道整治、航道疏浚及其他通航建筑物等。

1. 航道整治工程

航道整治工程是采用整治建筑物调整和控制水流，稳定有利河势，以改善航道航行条件的工程措施。航道整治的主要任务是：稳定航槽，刷深浅滩，增加航道水深，拓宽航道宽度，增大弯曲半径，降低急流滩的流速，改善险滩的流态。航道整治是综合治理河道的一个方面。规划设计时要兼顾防洪、排灌、工业布局和港口等方面的要求。为了正确地进行航道整治，必须掌握航道的演变规律，因势利导、顺应河势是航道整治的一个前提。航道的整治规划与设计一般包括：确定航道等级及最低通航水位，根据要求的航道尺度确定整治建筑物顶部高程（整治水位）和整治线宽度（整治水位时两岸整治建筑物或一岸整治建筑物与对岸岸边构成的水边线），在平面上确定整治线的位置和形态，最后采用整治建筑物固定、控制和调整整治线。在建筑物的布置上应以最少的工程量来达到最大的整治效果。

我国的航道整治有着悠久的历史，相传在大禹治水时就遵循顺水之性、因势利导的方法。1565 年，潘季驯提出了"以堤束水，以水攻沙"的整治原则。中华人民共和国成立后，随着水运事业的发展，从北到南在数量众多的河流上都进行了航道整治工程。长江上游的用江（宜昌至宜宾）通过整治改善了航道条件，结束了用江不能夜航的历史。长江、珠江、闽江、雨江、瓯江和黄浦江等沿海河口，通过航道整治均取得了通航需要的水深。其中，通过工程整治之后形成了长江南京以下 12.5m 的深水航道，可满足第三、四代集装箱船和 5 万吨级船舶全天候双向通航的要求，兼顾第五、六代大型远洋集装箱船舶和 10 万吨级满载散货船及 20 万吨级减载散货船乘潮通过长江口深水航道。

航道整治建筑物主要有丁坝、顺坝、潜坝、锁坝、导堤和护岸等。

2.航道疏浚工程

疏浚工程是指采用挖泥船或其他机具以及人工进行水下挖掘土石方的工程，其是改善航道的主要措施之一。航道疏浚工程分为基建性疏浚、维修性疏浚和临时性疏浚。基建性疏浚工程的主要任务是在较长期内根本改善航行条件。维修性疏浚工程是为了保持航期内航道的规定尺度，以保证船舶的安全运行。临时性的疏浚工程，一般是在没有经常性挖泥船的疏浚力量不足的河段上，临时利用其他地区的疏浚力量来进行工作的。

挖泥船是疏浚工程采用的最主要器具，按其工作原理和输泥方式，可分为水力式和机械式两大类。水力式是利用泥泵进行吸泥和排泥，主要有吸扬式挖泥船，包括直吸式挖泥船、绞吸式挖泥船和耙吸式挖泥船等；机械式是依靠泥斗挖掘水下土石方，主要有链斗式挖泥船、抓扬式挖泥船和铲扬式挖泥船等。

3.通航建筑物

通航建筑物是指为船舶通过航道集中水位落差而修建的建筑物，常见的通航建筑物有船闸、升船机等。

升船机是利用机械的方法升降装载船舶的承船厢，使船舶克服由于在天然或渠化河流以及在运河上的建坝面形成集中水位落差的通航建筑物。

三、海岸工程

海岸工程是为海岸防护、近岸资源开发和海岸带利用所采取的各种工程措施，主要包括海岸防护工程、海港工程、河口治理工程、海上疏浚工程、围海工程及海上平台工程等，其是海洋工程的重要组成部分。

海洋与陆地是地球表面的两个基本地貌单元，它们被一条明显的界线所分开，这条海与陆相互交会的界线，通常称为海岸线。全世界海岸线总长度约43.91万km。我国是世界上海岸线较长的国家。海岸带是指海水运动对于海岸作用的最上界及其邻近陆地、潮间带以及海水运动对于潮下带岸坡冲淤变化影响的区域，而海涂是高潮淹没、低潮露出的潮间带区域。海岸带包括潮上带、潮间带和潮下带。海岸带的宽度各国规定不尽相同，我国一般定义海岸带为自海岸线向陆地延伸10km，向海扩展到10~15m等深线的区域。我国海岸带和滩涂面积各约28.6万km^2和2.17万km^2。海岸按物质组成可分为基岩海岸、砂（砾）质海岸、淤泥质海岸和生物海岸等。

1.海岸带资源开发利用

海岸带开发包括资源开发和空间利用。海岸带资源是指赋存于海岸带环境中可供人类开发利用的物质和能源，如海洋生物资源、滨海矿产资源、海水资源（海水中化学资源提取、海水淡化和海洋能等）。海岸带空间是指供开发利用的海岸带陆域和水域的整个自然环境空间及其自然景观和人文景观。

（1）海岸带滩涂开发利用

世界沿海的滩涂面积约4400万km^2，历史上许多沿海国家用之围垦土地，我国对滩涂开发利用亦有悠久历史，主要用于粮棉生产、水产养殖和盐田等。

目前我国沿海可供开发的滩涂面积3.53万km^2，其中潮间带滩涂面积2.17万km^2，主要分布在渤海和南黄海沿岸。南方的长江口、钱塘江口、珠江口等河口岸段也有不少分布。今天的滩涂日后可能成为肥沃的良田或工业基地和城镇建设的场所，可供开发利用的潜力很大。

（2）海上油、气开发

20 世纪 60 年代，石油、天然气在一次性能源消耗中占比已超过 50%，从此人类进入了石油时代。世界性能源需求带动了油、气勘探开发技术的发展。在勘探技术方面，发展了直升式、半潜式钻井平台和自动定位的浮船式钻井平台；采油方面发展了深海张力腿平台、水下采油技术、多相流混输技术和海上铺管船技术等。20 世纪 70 年代末，三维地震层析成像技术应用于海上油田开发；80 年代以后，三维数字地震勘探技术广泛应用于探测海底含油、气构造，结合深海张力腿平台与浮式结构海面采油系统，使海上油、气开发最大水深达到 3000m，钻井深度可达 10000m。水下多相流油、气开采技术，配有遥控深潜器和水下机器人作业，解决了水下遥控基盘及水下油、气分离问题。

我国近海大陆架石油和天然气的资源量约 255 亿 t 和 14 万亿 t。我国海洋油、气资源勘探与开发技术在最近 10 多年中得到长足发展，已具有一定数量的钻井船、地质勘探、物探船和工作船及富有理论和实践经验的技术队伍，具有与国外同行竞争承包海上大型油、气开采工程的能力。

（3）人工岛建造

人工岛是人工建造的而非自然形成的岛屿，它一般在自然小岛和暗礁基础上建造，是填海造地的一种。人工岛大小不一，由扩大现存的小岛、建筑物或暗礁，或合并数个自然小岛建造而成。人工岛具有诸多功能，可用作海港作业区、海上机场、发电厂、工业基地、钻采和储存石油设施、旅游景点及海上军事设施等。

我国现代人工岛的建设始于 20 世纪，在渤海堤岛油田兴建了第一座浅海人工岛；由我国设计和施工的澳门国际机场人工岛也已于 1995 年建成；2013 年，珠澳海岸人工岛正式建成，该人工岛填海造地 217.56 万 m²，是港珠澳大桥的重要组成部分。近年来，我国南海岛礁也逐渐投入战略性开发，赤瓜岛、永兴岛、永暑礁、美济礁、东门礁等岛礁上不断填海造陆扩大面积，并在个别岛屿上开展岛屿机场建设等大型工程。

人工岛的建造一般有先抛填后护岸和先围海后填筑两种施工方法。先抛填后护岸适用于掩蔽较好的海域，用驳船运送土石料在海上直接抛填，最后修建护岸设施。先围海后填筑适用于风浪较大的海域。先将人工岛所需水域用堤坝圈围起来，留必要的缺口，以便驳船运送土石料进行抛填或用挖泥船进行水力吹填。护岸的结构形式常采用斜坡式和直墙式。斜坡式护岸采用人工砂坡，并用块石、混凝土块或人工异形块体护坡。直墙式护岸采用钢板桩或钢筋混凝土板桩墙，钢板桩格形结构或沉箱、沉井等。人工岛与陆上的交通方式，一般采用海底隧道或海工栈桥连接，通过公路或铁路进行运输；也可以用皮带运输机、管道或缆车等设备运输。人工岛距离陆地较远，又无大宗陆运物资时，则常常采用船舶运输。

人工岛的建造需要考虑多方面复杂因素的影响，如波浪、潮流、潮汐等复杂因素影响下的冲刷和淤积，以及人工岛对周边水动力与泥沙环境的影响。另外，还要考虑水工建筑物在海水中的抗腐蚀能力、海底地基沉降、对风暴潮等恶劣天气的抵抗能力，必要时还要考虑到地震、海啸等极端灾害的预防和保护。

（4）人工海滩工程

对于海滩侵蚀最自然的对策，是从海中或陆上采集合适的沙补充到被侵蚀的岸滩上。海滩补沙已被证明是一种经济有效的措施，而且它对下游岸滩的影响也比其他防护措施小。由于人工填筑到海滩上的沙，在各种海洋环境条件，特别是海浪的作用下，仍将被冲刷，因此必须每隔几年对海滩进行再补沙。人工海滩工程往往需要采用补沙与人工建筑物相结合的方式，如海滩两端采用突堤或丁坝形成人工岬头，与海滩共同构成相对稳定的岬湾海岸。为减少补沙的流失，布置分离式离岸堤作为海岸的屏障，在海岸和离岸堤之间，因波浪的绕射产生波影区，波浪和海流的能量被消减，减少泥沙流失。

2. 海岸防护工程

海岸防护工程是以海岸防护的目的而建造不同类型的海岸建筑物或采取的其他海岸防护措施，其功能主要是防止海滩侵蚀以稳定海岸线，以及对海滨的后滨部分或填筑陆域提供保护。海岸防护工程有丁坝（群）、离岸堤、护岸和海堤等海岸建筑物，以及采取人工养滩补沙措施等。

（1）丁坝（群）

丁坝是一种大致与海岸线相垂直而布置的海岸建筑物。为了保护一定长度的海岸线，需沿岸线建造多座丁坝，形成丁坝群，丁坝的间距为丁坝长度的1~3倍。被丁坝群拦截的沿岸输沙将沉积在丁坝群的上游侧以及各座丁坝间的滩面上，从而使该段海岸不受侵蚀。采取丁坝群作为海岸防护措施时，应注意防止丁坝群下游侧海滩的侵蚀。

（2）离岸堤

在海岸线外一定距离的海域中建造大致与岸线相平行的防波堤，在海港工程中称为岛式防波堤；而在海岸防护工程中则称为离岸式防波堤，简称离岸堤。通常，岛式防波堤建于较深的海域，以使其后侧有足够的港口水域面积；而离岸堤则建于离海岸线较近的浅水海域，以形成对海滩的有效保护。由于离岸堤后波能较弱，因此可有效地保护该段海滩免遭海浪的侵蚀。在离岸堤与海岸线间的波浪抢护区内，沿岸输沙能力也将减弱，促使上游侧输入的泥沙沉积下来。离岸堤可为单堤，也可布置为间断的形式，即每两道短堤间有一口门的分段式离岸堤。离岸堤的下游侧，由于其上游部分沿岸输沙被拦截，所以也存在岸滩侵蚀问题，但分段式离岸堤对下游侧岸滩的影响比总长度相同的单道堤小。

（3）护岸和海堤

护岸和海堤是建造在海滩较高部位用来分界海滨陆域与海域的建筑物，它的走向一般大致与海岸线平行。在海岸防护建筑物中，对护岸与海堤并无明确的定义来加以区分。通常将位于海陆边界上，以挡土为主的建筑物称为护岸，护岸的顶高程（不包括护岸顶部的防浪墙高）一般与其后方陆域高程相同或接近。在风暴潮和大浪期间，保护陆域及陆上建筑物免遭海水浸淹和海浪破坏的建筑物称为海堤，海堤的顶高程常高于其后方陆域的顶高程。

护岸或海堤只能保护其后侧的海岸陆地，对于其前方的海滩并不能起到防止或减弱侵蚀的作用。若为直立式护岸，由于其对波浪的反射作用，通常还会使其前方的海滩侵蚀加剧，往往需要采用抛石或扭工字块等建筑物做护底、护脚工程。

第八章　道路工程理论

道路是提供可以让人和交通车辆通行的设施。

道路工程为土木工程的分支，通常以道路的修建为主，设计道路线路规划、道路设计、道路施工，最后是养护和管理等全过程。

第一节　道路工程的基本内容

道路工程的基本内容较多，主要为人们出行提供安全舒适、经济的道路和附属设备，包括道路修建的全过程。

一、规划方面

规划先行，无论是修建房屋还是道路，都需要先做好规划。规划是根据道路交通功能和对地方发展的调查研究，各个方面综合进行考虑，多方案论证，再通过专家讨论，提出对地方发展最有利的实施对策，以便解决好交通和经济发展问题。规划时需要注意以下问题：

（1）规划要以地方发展的情况为基础，收集地方经济、交通、地形、地貌、人文、交通发展等数据综合调查分析。

（2）根据数据分析预测当地未来发展趋势，分析是否可以满足当地未来通行需求。

（3）对道路未来发展提出改善和处理措施。

二、勘测设计方面

1. 勘测方面

根据道路规划内容，以及道路技术等级，利用勘测技术，对当地的地形地貌、高程坐标、地质情况、水文情况数据进行统计，绘制出相关的地形图，作为道路设计和施工的主要依据。

2. 路线设计

根据道路的道路勘测及规划资料，选择路线的走向、高程控制点位、桥梁位置和隧道位置。结合勘测资料、地形地貌，按照设计标准、道路功能，在规定的控制点之间选定路线的布局，确定路线平面、纵断面和横断面的各项几何要素，还要进行道路的交叉布置，包括平面交叉和立体交叉。

3. 路基设计

路基是整个路面的支撑基础，保证路基整体稳定就是保障道路的通行能力以及交通安全。路基设计需要考虑纵断面和平面设计，确定好路基的填挖方高度。此外，路基设计还需要综合考虑水文、地质、地貌等情况，以及软弱地基处理、植被护坡、高陡边坡防护、挡土墙设计等要求。

4. 路面设计

路面是路基的上一层道路结构，由于路面是和车辆直接接触，长期受到车辆荷载和大气水温周期性重复作用的结构层。因此对于路面设计提出了挑战，选择用的材料需要因地制宜地进行路面的结构层设计，通过组建模型，进行力学变形分析、应力分析，使设计结构层厚度满足使用需求。施工的时候还需要考虑施工现场具体情况和完成施工后的路面设计效果，最终达到道路安全和经济适用的效果。

5. 排水设计

按照地表水和地下水的流向和流量及其对道路的危害程度，设置各种拦截、汇集、疏导、排泄地表水和地下水的排水设施，如沟渠、管道、渗沟、排水层等。

三、施工方面

道路施工是一个综合过程，除满足"精心设计、细致施工"外，还需要对复杂的施工环境做出分析，做出道路施工组织设计，按组织设计和施工监理来进行技术交底、施工单位负责材料的采购、施工队伍确定和功能确定、现场和施工图纸的对比、施工前主办、测量放线、道路概预算分析、"七通一平"、施工机械准备；道路施工包括路基施工、基层施工和路面施工，路基施工主要包括土石方开挖填筑、地基加固、修筑排水及支挡结构物等；路面主要是铺筑垫层、基层、面层，包括沥青和水泥混凝土道路的混合物和运输、碾压成形、路面整平、养护维修。

四、养护和运营管理方面

道路及其附属设施在长期使用过程中，受到行车荷载和大气水温影响而有损失，且随着时间的影响出现破坏，这就要求我们根据道路功能、使用性能，派遣人员和机械对道路路面情况进行定期检查，尤其是针对道路有破坏的地方制订养护计划，按照技术标准进行维护、修复和改建，这样才能让路面和附属设施破坏速度降低、恢复道路使用功能。

第二节　中国古代道路

在古代尧舜时期，道路被称为"康衢"。三辆马车能够通行的地方，称为"路"，两辆马车通过的叫"道"，一辆马车通过的则称为"途"。"径"是指只可以走牛马的地方，羊肠小道。秦始皇统一中国后，车同轨，兴路政，路面变宽，称为驰道；皇上驾车经过的地方，唐朝时筑路五万里，称为驿道。后来，元朝将路称作大道，清朝称作大路小路等。清朝末年，汽车路修建成功，是我国第一条用来行驶汽车的道路，俗称"公路"。

一、商周路的起源

商朝时期人们已经懂得夯土筑路，并利用石灰来稳定土壤。商朝殷墟的发掘中发现有碎陶片和砾石铺筑的路面，过河有木桥。井田制在周朝时期开始，华北平原商业发展，农田耕作为矩形形状，田边道路是直线型。周朝将城市中的路称为"国中"，乡村郊外的路称"鄙野"，开创了城市道路和公路区别划分的先河。城市道路分为"经（南北向）、纬（东西向）、环（绕城）、野（出城）"四种。道路的宽度以"轨"为单位，每轨宽八尺（周尺约合 0.2m）。周天子的都城中道路规模最大，匠人管理，有九经九纬，棋盘的形状；经涂、纬涂各宽九轨，环涂宽七轨，野涂宽五轨，这与现代城市道路网中环城路比较宽略有不同。天子朝廷和诸侯国均设有"司空"一职，掌管包括道路在内的各种营建和水利。司空应按期进行沿路视察，负责在雨季结束后修整道路，河流干枯后修造桥梁，并在道路边种植树木，沿路提供食宿。每十里设有提供膳食的路；每三十里有提供住宿的客栈，有专人管理；每五十里有集市，设有更高级的旅馆。这应该说是现代养路、设置交通标志、路边绿化和服务区的萌芽。

二、秦汉时期的道路

公元前 2000 多年前，我国就已经有了可以行驶牛车和马车的古老道路。东周时期，社会生产力得到空前发展，春秋大国争霸，战国七雄对峙，经济发展和文化发展都极大地推进了道路建设。周的道路是中轴功能，还有完善两翼的交通枢纽，再加上水运的发展，将黄河上下、淮河两岸、江汉一带都有效连接起来。这个时期修建的主要道路工程有许多，如秦国时期的褒斜栈道。

驰道是秦朝为统治六国而修筑的，以首都咸阳为中心，通向全国的庞大道路网。公元前 212 年，为巩固北部边防，抵御匈奴侵扰，秦始皇又使蒙恬修从咸阳向北延伸的直道，全长约 700km，逢山劈石，遇谷填平，仅用了两年半的时间修通。今陕西省富县境内依稀可见其路形，据说直道建筑标准与驰道相同。除了驰道、直道以外，在西南山区还修筑了"五尺道"，以及在今湖南、江西等地区修筑了所谓的"新道"。这些不同等级、各有特征的道路，构成了以咸阳为中心，通达全国的道路网。

三、宋和辽金时期的道路

宋和辽金时期，道路建设加快了步伐，特别是在城市道路建设与交通管理方面，与隋唐时期有着明显的区别。这一时期的城市建设，是城内大道两旁，街道和市场连接在一起。市场的活跃让百姓过上了幸福生活，城市生活开始丰富起来。

四、宋辽以后的道路

元明时期建成了以北京为中心的稠密的驿路交通网，驿路干线辐射到我国的四面八方。特别是在元代，综合拓展了汉唐以来的大陆交通网，进一步覆盖了亚洲大陆的广阔地区，包括阿拉伯半岛、蒙古族各部。在成吉思汗等有作为的领袖统率下东征西略，兵锋所至，驿站随置，道路贯通，运输不绝。蒙古国军事势力极盛时期，道路直通东欧多瑙河畔。

清朝是我国的最后一个封建王朝，虽然比起以往朝代除了量的变化外，在交通工具、交通设施、交通动力、交通管理等方面没有质的突破，但经过清朝政府的多次整顿，全国道路布局比以往任何时候都更加合理而有效。清朝把驿路分为三等：一是官马大路，由北京向各方辐射，主要通往各省城；二是大路，自省城通往地方重要城市；三是小路，自大路或各地重要城市通往各市镇的支线。

第三节　西方古代道路

传说非洲古国迦太基人（公元前 600—前 146 年）曾最先修筑有路面的道路，后来为罗马所沿用。罗马大道，兴建于公元前 400 年前后，以 29 条主干道为主，全长约 660km，用了 68 年的时间修建完成，起到了沟通罗马与非洲北部和远东地区的作用。

一、罗马的道路

罗马大道的主要特征：一是路面高于地面，主要干道平均高出 2m 左右，以利于眺望远方，行车视线开阔，保证车辆行驶通畅；二是道路修建地点险要，且是用直线形式连接在一起。今天仍然存在部分当时建造的桥梁、隧道、涵洞等留下的遗迹。

罗马大道施工方法：先开挖路槽，然后分四层，用不同大小的石料和泥浆或灰浆砌筑，厚度达到 1m。有些路面用边长为 1~1.5m 的不整齐石板镶砌于灰浆之中，有些用大理石方块或用厚约 18cm 的碎石铺砌。

有些军队用的道路可以达到 11~12m，宽度有些为 3.7~4.9m，用硬质材料铺砌成路面，以供步兵使用。两边填筑了高于路面宽约 0.6m 的堤道，可能是供军官指挥之用。骑兵道在道路外侧，一般 2.4m 宽。路面的造型也不同，较高级的阿庇乌大道，曾用远自 160km 以外运来的边长 1~1.5m 的不整齐石板，砌筑于灰浆中。罗马帝国的道路建设之所以有如此辉煌的成就，缘于当政者的高度重视。道路的主持者是高级官吏，道路的最高监督者有至高的权威和荣誉，如恺撒（公元前 102 或前 100—前 44 年）是第一个任职者，此后只有执政官才有资格担任。正因为道路建设对罗马帝国的兴盛有着很大的作用，所以罗马人修建了凯旋门，纪念诸如恺撒、图拉真等的筑路功绩。随着罗马帝国的衰亡，道路也越来越差，不同地方经济倒退，所以道路建设关系国家发展。

二、希腊的道路

随着古希腊美学观念的逐步确立和自然科学、理性思维发展的影响，也产生了另一种显现强烈人工痕迹的城市道路发展模式——希波丹姆斯模式。希波丹姆斯模式遵循古希腊哲理，探求几何与数的和谐，强调以棋盘式的路网为城市骨架并构筑明确、规整的城市公共中心，以此得到秩序感。在历史上，希波丹姆斯模式被大规模地应用于希波斗争之后城市道路建设与新建以及后来古罗马大量的营寨城。古希腊的海港城市米利都城、普南城等都是这一模式的典型代表。

希波丹姆斯模式：以方格网道路系统为骨架，以城市广场为中心，充分体现了民主和平等的城邦精神的建筑模式。城市结合地形形成了不规则的形状，棋盘式的道路网，城市中心由一个广场及一些公共建筑物组成，主要供市民集会和商用，广场周围有柱廊，供休息和交易用。在空间设计上追求几何形体的和谐、秩序、不对称的均衡。

普南城道路：以城市广场为中心，方格网的道路系统为骨架，公共建筑取代宫殿和市民集会场所成为城市的中心。

第四节　西方近现代道路与筑路技术

一、西方筑路先锋

拿破仑时代法国工程师特雷萨盖首先用科学方法改善道路施工，让筑路技术向科学化和近代化迈出了第一步。他曾于1764年发表了新的筑路方法，在此后的时间里得到了普遍推广，新的筑路方法的最大特征是把路面结构层变薄，底层用较大的石料竖向铺筑、夯实；其上同样铺成第二层后，再用重粉分出并将小石块填满大孔隙中碎石，罩面形成有拱度的厚约 7.5cm 的面层。

他重视养护，成为养护道路的第一人。在他的影响下，法国的筑路精神重新受到了鼓舞。拿破仑当政期间（1804—1814），建成了著名的法国道路网。因而当时法国尊称特雷萨盖为现代道路建设之父。

英国的苏格兰工程师特尔福德于 1815 年建筑道路时，采用一层式大石块基础的路面结构，将平均高约 18cm 的大块石放在中间，两侧小块石铺砌，用石屑嵌入后，再分层摊铺 5~10cm 的碎石，以后借助交通压实。其要求较特雷萨盖更为严格，以后将这种大块石基础称为特尔福德基层。

18 世纪中期英国工业革命到来之时，道路变革因两件事发生突破：一是炼铁技术的蓬勃发展；二是兴旺的海外贸易。当时在英国内陆煤铁矿山地区生产的大量铸铁要向伦敦等港口地区运输，数百公里土路，下雨天，马车和马在淤泥里难以前进。因此，人们对土路进行铺石头砌筑。改造后的道路功能得到提升，通行和舒适度大大改观，原来需要走两周的路程，改造后只需 2~3 天便可到达。

1816 年，英国另一位苏格兰工程师 J.L. 马克当，对碎石路面做了详细的分析，认为路面损坏的原因主要是选用材料不好、施工技术不够、工人不够熟练，以及设计上有瑕疵。他主张取消特尔福德发明的粗大石头，改用小尺寸的石头，用两层 10cm 厚、7.5cm 大小的碎石，上铺一层 2.5cm 的碎石做面层，实验取得了成功。路面发展史上称这种路面为马克当路面。他是讲述路面结构两个基本原则的第一人，直到今天道路建设者都非常认可：一是道路承受车辆荷载，需要依靠天然地基，且路基应该具有良好排水功能。路基处于无水的情况下，遭受荷载时才不会导致路面发生破坏和沉降。二是使用有棱角的碎石作为路面材料，互相咬紧锁结成为整体，可以使路面更坚固些。根据当时的交通情况，路面的厚度，一般小于 25cm 即可适应。与罗马时代的相比，厚度减薄了 75%，节约了许多资源。路面压实工作主要依靠人工和车辆，并使用一些特殊工具。因此，路面的成型非常耗时间，而且石头处理起来也很费功夫。在欧洲大陆使用先进的方法对道路进行升级提升。2 英寸碎石层施工的方法是法国工程师特雷萨盖提出的，他于 1764 年提出新的筑路方法，10 年后在法国特尔福德路面中心线排水沟被普遍采用。其主要特点是 1 英寸卵石或碎石层 7 英寸，较古罗马路面减薄了厚度，底层用较大的 7 英寸基层石料竖向铺筑，用重夯夯击；其上同样铺马克当路面。当路面中心线排水沟成第二层后，再用重夯夯击并将小石块填满 1 英寸碎石或者卵石 8 英寸碎石层大孔隙中；最上面铺碎石，形成有拱度的厚约 7.5cm 的面层。

由上可见，道路修建是从路面层开始的。碎石路面的结构修建代表着路面开始了改革。由于所用材料不同，道路路面结构层功能也不相同，因而将路面分为柔性和刚性两大类。

道路工程接下来最大的变革之一源于新的路面材料——沥青的出现，可以胶结碎石，大大提高了路面的平整度。这样的路面也称为柏油路面。事实上这种路面并非新发明，世界上最早的柏油路是新巴比伦王国（公元前 626 年—前 539 年）铺设的。其首都的主要大街"仪仗大道"宽 20m，便由大块砖头和天然沥青铺成。该大街现在还有未被破坏的地方，供路人观看。但是自巴比伦灭亡后，沥青技术并没有得到推广。法国于 1858 年在巴黎用天然岩沥青修筑了一条沥青碎石路，沥青再次被作为路面材料使用。19 世纪中叶，汽车出现后，车辆速度较马车大为增加，为了道路平整和行车舒适需要使用大量沥青铺路材料。早期的沥青路面是以加热后流态的柏油浇灌在碎石上。柏油顺着碎石间隙向下流淌，等到其冷却之后，将碎石凝结成整体，这种路面称为沥青灌入式碎石路面。这种路面的缺点是柏油熔点低，白天在太阳光下温度高变成液态，而且防水能力差。将柏油与砂等材料一同搅拌均匀，沥青加热熔化后与细石搅拌在一起，再用压路机压，将混合料平铺于基层碎石上，这种路面称为沥青混凝土路面。现在，沥青混凝土路面已成为道路路面的主要形式。

二、高速公路的诞生

1870 年，从比利时移民美国、在哥伦比亚大学任教授的爱德华·斯米德特发明了沥青混凝土。美国汽车发明后，在行驶稳定、速度和安全上的变化很大，以前的道路材料不再能满足汽车发展需要。高速公路应运而生，在英国为"motorway"、美国为"freeway"、德国为"autobahn"、日本为"高速道路"。自第二次世界大战以后，各国都有相应的发展，高速公路已成为公路步入现代化的标志。

高速公路是封闭式的，出入口严格控制，它的发明是道路工程的另外一个奇迹。但是刚开始高速公路并不具备上述功能。20 世纪 20 年代，在柏林西南部修建了一条数千米的试验段。这成为后来高速公路的雏形。1932 年 8 月，科隆至波恩 20km 长的高速公路修成并且可以通过车辆。那个时候科隆市长阿发纳，战后第一任联邦德国总理在建成典礼上宣告，高速公路将迎来新的一页。直到现在，该路段仍然在通车使用。1933 年，在经济危机横扫全球的时代背景下，希特勒于乱局中被选举上台。他敏感地意识到了高速公路的巨大价值，他让很多没有工作的人来修建高速公路。同时，以这种寓军于民的方式，德国也悄悄修建了战时快速运输网络，直到战争爆发，高速公路已达到 2000 余千米长。

第五节　中国道路建设

公路等级是对公路重要性和运输能力的评价依据。目前我国的公路等级按照使用功能、公路要求、交通量的大小、技术难度等，分为高速公路、一级公路、二级公路、三级公路、四级公路五个等级。

高速公路：道路纵坡必须小，转弯半径不得过小，必须控制出入口，采取封闭式行车，行人不得行走，中间设分隔带，在必要处设坚韧的护栏，最高时速

80~120km 不等。采用沥青混凝土或水泥混凝土高级路面，部分路段可用作特殊用途，如战争时飞机和坦克使用。为了保证行车安全，必须设置交通标志牌、信号灯、路灯等交通设施，与其他建筑物交叉时，如道路、铁路、房屋，必须立体交叉，也就是其他建筑避让高速公路，行人跨越人行天桥或地下。在设计年限内平均昼夜交通量为：八车道 60000~100000 辆，六车道 45000~800000 辆，四车道 25000~55000 辆。

一级公路是专供汽车分车向、分车道行驶的公路，设计年限内平均昼夜交通量为 15000~30000 辆。一级公路最高时速可达 100km，道路宽度较大，一般中间可见分隔带。它与高速公路的最大区别是并非全路封闭，有交叉口的地方采取平面交叉和立体交叉均可。

二级公路一般宽 15m，无中央分隔带，一般中间画黄色虚线来分行，设计年限内平均昼夜交通量为 3000~7500 辆。

三级公路平均昼夜交通量为 1000~4000 辆，适应交通等级较低的地方。

四级公路一般为双车道 1500 辆以下，单车道 200 辆以下。

各级公路远景设计年限：高速公路和一级公路为 20 年；二级公路为 15 年；三级公路为 10 年；四级公路一般为 10 年，也可根据实际情况适当调整。

高速公路的价格很高，技术难度大。按照 2006 年的标准，在我国地势平坦的地区，高速公路平均每千米价格为 3000 万元左右；在山岭比较多的地方，高速公路平均每千米造价接近 4000 万元。加入路基宽为 26m，则每千米占用土地约 0.03km^2。部分重要地方，高速公路宽度更大，占地更多，造价更高。但从其发挥作用和产生的经济效果来看，高速公路给地区带来的益处还是很大的。高速公路让人们的时间、空间观念发生变化。通过高速公路，省会到地市一般当天可以往返，加快了人们交流、商品流通、技术更新、人文融合等，提高了运输效率，让资源向更有利的方向配置，提高了企业竞争力，增进了人们的情感交流，促进了区域的联合及经济发展。

按照公路的位置以及在国民经济中的地位和运输特点，公路按行政管理体制可分为国道、省道、县道、乡（镇）道及专用公路等几种。1993 年，我国提出了建设国道主干线系统，其技术标准是以汽车专用公路为主。

高等级公路，即高速公路、一级公路和二级汽车专用公路。其中，高速公路约占总里程的 76%，一级公路约占总里程的 45%，二级公路约占总里程的 19.5%。这个主干线系统具有比较完善的安全保障、通信和综合管理服务体系。国道主干线连接了首都北京与各省会和所有 100 万以上人口的特大城市及 93% 的 50 万以上人口的城市。国道主干线布局为"五纵七横"共 12 条。"五纵"指同江—三亚、北京—珠海、重庆—北海、北京—福州、大连—呼和浩特—河口，"七横"指连云港—霍尔果斯、上海—成都、上海—瑞丽、衡阳—昆明、青岛—银川、丹东—拉萨、绥芬河—满洲里。总长约 3.5 万千米，于 2007 年建成。

第六节 城市道路网络

一、城市路网组成与作用

城市道路是指通达城市的各个地区，供城市内交通运输及行人使用，便于居民生活、工作及文化娱乐活动，并与市外道路连接承担着对外交通的道路。

城市道路一般较公路宽阔，为适应复杂的交通工具，多划分为机动车道、公共汽车优先车道、非机动车道等。道路两边通常有绿化带和人行道，而道路下面通常会埋设市政管网，为美化城市而布置街景和雕塑艺术品。公路则在车行道外设路肩，两旁设树池，并且设置排水系统。

根据道路在城市道路系统中的地位和交通功能，分为快速路、主干路、次干路、支路。

快速路：快速路具有较快的通行能力，以处理城市交通量。设计时需注意要有平顺的线型，与一般道路分开，使汽车交通平稳、通畅且能够保证安全。与其他道路建立立体或者平面交叉时，需判断道路的通行能力、交通量大小以及道路地理位置。两侧有非机动车时，必须设完整的分隔带。横过车行道时，需经由交叉路口或地道、天桥。

主干路：连接城市各主要部分的交通干路，是城市道路的骨架，主要功能是供人们出行和运输。主干路上的交通要保证一定的行车速度，不能过快，故应根据交通量的大小设置相应宽度的车行道，以供车辆通畅地行驶。线路走向圆滑，交叉口少，平面交叉要有交通导流和操控手段，交通量超过平面交叉口的通行能力时，可根据规划采用立体交叉。机非分隔（机动车与非机动车分隔），交通量大的主干路上快速机动车如小客车等也应与大型速度较慢的货车等分道行驶。主干路两侧应有适当宽度的人行道，应严格控制行人横穿主干路。主干道旁不适合有人群比较集中的场所，如商城、公园、学校等。

次干路：一个区域内的主要道路，是一般交通道路兼有服务功能，和道路主干路联合在一起，发挥广泛联系城市各部分与集散交通的作用。一般情况下可以大小车混合行驶，条件许可时也可另设非机动车道。道路两侧应设人行道，并可设置吸引人流的公共建筑物。

支路：次干路与居住区的联络线，集散交通作用，也是人们出行的第一条路。两旁可有人行道，也可有商业性建筑，是人群较为集中的场所。

上述四种城市道路组成了城市的道路网，它的格局是在一定的必要条件下，为满足城市交通及其他各种要求而形成的。因此，没有什么统一的格局，在实际工作中更不能机械地套用某一种形式，因地制宜，按道路网规划的基本要求进行合理组织。

类型分类：

（1）方格式：优点是设计简单，房屋朝向易于处理，并在一定程度上避免了城市交通拥挤。

（2）放射式：特点是城市有明显的市中心或广场，各条街道均通向这里。单纯的放射式只有在小城镇才适用，因为从城市的任一点到另一点，都要绕经中心。

（3）环形放射式：既保持放射街道，又加上与市中心呈同心圆的环状街道，以避免单纯放射式的缺点。

（4）方格—环形—放射混合式：其特点是城市主体地区采用方格式布局，以外设方形或多边形环路，加放射对角线式直通道路。

二、优化城市道路功能措施

随着汽车拥有率的提高，城市道路上的车流密度出现了质的变化，由以前的间断性车流变成了连绵不断的连续性车流，即车流的特性是连续流的特性，而城市道路（除快速路外）全部为间断流交通特性，两者的特性是不匹配的。因此，只有将城市道路所能提供的交通方式，由间断流交通方式（每到交叉路口需要停车等待绿灯）改造为连续流交通方式（无红绿灯，无冲突点，途中无须停车），才能实现道路交通特性与车流特性相匹配。也就是说，必须在平面交叉路口建设地下人行通道、高架快速公路桥，形成立体交通，提高通行能力，才是解决堵车的长效办法，也是解决城市堵车的根本途径；否则，堵车问题是不可能得到彻底解决的。

第七节　道路建设

道路建设一般分为勘察选线设计—路基路面施工—桥梁隧道修建—竣工验收。

一、道路勘察选线设计

公路选线中，根据政治、经济因素所确定的路线必须通过的点（包括起讫点）称为据点。根据自然条件或工程经济所决定的路线应穿过或避开的点称为控制点。一系列的据点和控制点的组合，构成的路线方案就是路线的基本走向。因此，对路线基本方向的选择，首先要明确路线在公路网中的地位和功能，以及在整个交通中的运输能力。例如，对于大的政治、经济中心点间的干线公路，路线基本方向一般以实现直达运输为主，并对线路上的次要点有一定的经济服务能力，尽量缩短路线长度，以节约花费的时间；地方性公路则以满足沿线人们的出行和服务地方经济发展，可以根据沿线的居民点、铁路车站、码头等来确定公路走向。路线经过地区应充分利用有利的自然条件，尽量避免地质不良地段和环境恶劣的地方。

路线基本走向的选择，通常需要搜集当地的政治、经济、社会、人文等方面的诸多信息，在小比例尺（1：25000~1：100000）的地形图上，初步设定若干个方案来进行比选。在地形复杂或地区范围大时，可以通过无人机来航拍进行线路选择或者勘察人员去现场进行技术勘察。

对文物线路可以绕行，然而最近几年也有采用搬迁建筑物的做法。古建筑物搬迁前，先通过分步施工，开挖可承受很大力的大型钢筋混凝土基础，然后在钢筋混凝土基础下设钢筋轴，千斤顶推动基础沿着预设的混凝土中轨前进。当线路不能避开泥石流处时，应根据泥石流的规模及具体情况，分别采取不同方案：大型泥石流处，宜在山口附近用明洞、隧道或建桥通过；中型泥石流处，宜选在泥石流的流通地段，不宜选在坡度从大变小的地方；小型泥石流处，可修跨线渡槽，让其从道路顶过去；冲积扇地区，可以在冲积可能发展范围以下合适地段通过，在路线基本方向确定的条件下，按地形条件具体选择路线通过的地带，也称路线布局。

路线带选择按地形大致可分为平原区选线、山岭区选线和丘陵区选线。

1. 平原区选线

平原地区除盐渍地、河谷漫滩、草原、戈壁、沙漠等地区外，一般为耕地并有较密的居民点的地区。在河网湖沼平原地区，还具有湖泊、水塘、河流多的特点。

平原区的地形对路线限制较少。两控制点间如果没有地质不良和障碍物等，则两控制点采用直接连线。但一般平原地区，农田密布，灌溉渠道网纵横相交，建筑和设备、居民点很多，选线时应根据公路功能定位，综合分析各项条件，从中来选择可以作为中间控制点的点。连接这些控制点，就是选定的路线带。

2. 山岭区选线

山岭地区往往是山高谷深，地形复杂多变。但山脉水系分明，这就基本上决定了山区路线方向选择的两种可能方案：一是顺山沿水；二是横越河谷和山岭。顺山沿水路线又可按通过的地方特点分为沿河线、越岭线、山脊线、山腰线等线型。

3. 沿河线

沿河线一般谷底比较窄，两岸间隔不宽，谷坡有的陡有的缓，沿线有浅滩和峭壁。山区河流平时河流不急，但暴雨过后山洪暴发时，洪流常夹带砾石、泥沙、树木急速下泻，冲击河岸，对路线危害非常大。河谷地质复杂，常有滑坍、岩堆、泥石流等病害发生。寒冷地区的背阳峡谷日照少，常有涎流冰、积雪、雪崩等现象。这些自然条件是选择沿河线的考虑因素。但沿河线与山区其他线型相比，具有坡度较缓，工程量不大，施工、养护及运营条件较好等优势，通常选择沿河线作为山岭地区选线首选。

4. 越岭线

横山越岭路线要克服的最大问题是高程问题。因此，选越岭线须从纵坡设计入手，路线的平面位置及长短主要取决于纵坡高程的安排。越岭线的布设主要应解决的问题是选择垭口、选择过岭的方式、选定垭口两侧山坡的展线方案。选择垭口要考虑越岭方案的重要控制点，应在符合路线基本走向的较大范围内加以选择。选定垭口两侧山坡展线方案是为了克服越岭的高差。所谓展线，就是利用有利地形，人工延长道路长度，让路线在技术标准范围的坡度内翻过山顶。越岭展线的方式主要有三种：

（1）自然展线。以适当的坡度，顺着自然地形，绕山嘴、侧沟来展长路线，克服高差。优点是路线走向和基本方向一致，行程和升降统一，路线最短，线形简单，一般技术指标较高，坡度较陡，如无地形或地质障碍，布线应尽可能选用这种方式。

（2）回头展线。利用有利地形设置回头曲线，使路线在山坡上来回盘绕的展线形式。其关键是选择回头曲线的位置，一般多利用直径较大、横坡较缓的弧形山包或宽坦的山脊，或利用地质、水文地质良好的平缓山坡和地形开阔的山沟或山坳。回头展线设在同一坡面上，180°转弯对行车、施工、养护都不利，而且可能导致山体滑坡等地质灾害。应尽量把路线拉开，分散回头曲线，减少回头次数。

（3）螺旋展线。地形特殊地段，路线回转360°形成环状的展线形式。其可使上、下线以隧道或跨线桥的形式穿过。螺旋展线在某些地形条件下可代替一对回头展线。它比回头展线有较好的线形，同时修建隧道或者桥梁，钱花得比较多。因此，在选定螺旋展线方案时，应根据路线标准、地形条件和回头展线方案进行技术上和造价上的比较，且有对比方案，以决定取舍。

二、路基、路面

路基和路面是供汽车独行的主要道路工程结构物。

路基：在地面上按路线的平面位置和纵坡要求开挖或堆填成一定断面形状的土质或石质结构物，是道路的主体、路面的基础。

路面：各种不同的材料，按一定的厚度与宽度分层铺筑在路基顶面上的结构物，以供汽车直接在其表面上行驶。

1. 路基

提出两项基本要求：

（1）路基结构物的整体必须具有足够的稳定性。

（2）直接位于路面下的那部分路基（有时称作土基），必须具有足够的强度、抗变形能力（刚度）和水温稳定性。

常见的路基断面形式有路堤、路堑、半路堤半路堑。

公路横断面组成包括路基、路肩、中间分隔带、路面结构、边沟、边坡等结构。

2. 路面

结构：面层、基层、垫层。各层的作用各不相同。垫层一方面起着排水、蓄水、防热、防冻和稳定土基的作用，另一方面也可以协助基层或基底层分布上层传来的车轮荷载，可用片石、手摆块石、砂、砾石等修筑。

（1）面层

直接承受自然影响和行车荷载作用。

面层直接与大气和车辆接触，承受行车荷载较大的竖向力、水平力，受到雨水和温度变化破坏，应具有较高的结构特性，耐磨、透水性好，表面良好的平整度和摩擦系数高来防止车辆侧翻。

组成面层的面料：

1）沥青混合料：柔性路面，以碎石为主料，沥青做结合料，分上下两层铺筑。上层采用较细的集料，沥青量较多，混合料密实且透水性小，下层则采用较粗集料，空隙含量较多，沥青灌入碎石。用作面层时，应加封层，这种面层属次高级路面。

2）水泥混凝土：具有较高的强度和刚度，刚性路面，在大车作用下也不会发生太大变形。

（2）基层

位于面层之下，路面结构中的承重部分，承受由面层传来的车轮荷载垂直压力，并把它向下面层次扩散分布的层次。应具有足够的抗压强度和扩散能力，有平整的路面，保证面层的厚度均匀，与面层结合良好，以提高路面结构整体强度，避免面层沿基层滑移推挤。

基层一般用碎石、砾石、石灰土或各种工业废渣来修筑。基底层属于基层，分两层铺筑时，下面一层即为基底层，可用强度较低的材料修筑。垫层是在路基排水或者有冻结翻浆的路段上，需要设置路面基层施工时主要依靠碎石的嵌挤作用达到稳定，石料级配不低于3级（级配是指不同粒径石子的搭配，3级配指有3种粒径），最大粒径不大于路面厚度的。施工时先将碎石压1~2遍，再进行少量洒水，压至稳定，然后撒嵌缝料，压至表面无明显痕迹为止。

碎石路面最初在19世纪由马卡当发明，是使用跨越两个世纪的路面形式，目前在我国一些农村地区依然在使用。对于现在的柏油路面，也可以把碎石路面当作基层。碎石路面后来按施工方法及灌缝材料的不同，衍生出泥灰结碎石、水结碎石、水泥结碎石、干压碎石、泥结碎石、湿拌碎石等路面。

水结碎石路面需要进行洒水碾压，以被压碎的石粉浆作为粘结材料，故所用石料应是石灰岩或白云岩，石料的级配须在3级以上。路面压实厚度一般为8~16cm。施工时先将主层石料铺平，少量洒水，压至基本稳定再大量洒水，充分压实。然后撒嵌缝石料洒水碾压，再将封面料（5~15mm）均匀撒上，压至表面不出现轮迹为止，完成后要用水来养护。

水泥结碎石路面在19世纪由英国人发明，是用水泥砂浆作为结合料，碎石尺寸为40~60mm，水泥砂浆配比为（1~1.5）：2。施工时先摊铺碎石，压至稳定后灌水泥砂浆，在砂浆未凝固前碾压密实，然后撒嵌缝料，整平后养护，至砂浆凝固后开放通车。

泥灰结碎石路面是在泥结碎石中掺用少量熟石灰以提高泥结碎石路面的水稳性，宜做潮湿或中湿路段的沥青路面基层之用。所用石灰经过筛后，拌于泥浆中应用。泥结碎石路面将黏土作为粘结材料，目前的施工工艺系我国在20世纪初发起，便于就地取材，施工简易，路面易于成型。

（3）垫层

垫层是介于基层和土基之间的层次。

作用：改善土基的温度和湿度状况，保证面层和基层的强度稳定性和抗冻胀能力。扩散由基层传来的荷载应力，减少土基所产生的变形，季节性冰冻地区和土基水温状况不良时进行设置。

材料：强度要求不一定高，其水稳性要好。松散颗粒材料（透水性垫层），如砂、砾石、炉渣、片石、锥形块石等。整体性材料（稳定类垫层），如水泥、石灰稳定土。

（4）土基

路基顶部的土层，路面的基础。

承受由路面传递下来的车轮荷载及路面的自重，原状土的路堑（挖方）或扰动土填筑的路堤（填方）。

路基材料应水稳性好，压缩性小，便于施工压实。可用运距较短的土、石材料，或将路基顶面下一定深度内的土层压实至规定的要求。

（5）磨耗层

耐磨性差的砂石路面设置为砂砾石、石屑等坚硬的细粒料与黏土拌和后铺成（2~3cm）。作用：改善行车条件，延长使用寿命。

（6）中面层

粗砂或砂土混合料铺成。

（7）底面层

高等级路面，在基层或面层之间铺设沥青混合料。

作用：防止面层沿基层表面滑移或防止基层裂缝直接影响面层开裂等结构性能的要求。

三、道路建设意义

随着经济的快速发展，我国公路建设越来越受到重视：一是经济的发展为公路建设注入了资金；二是公路建设能够极大地促进经济的发展，两者密切联系、相辅相成。公路建设对地方经济发展和促进的重要意义表现在两方面：一方面直接带动地方经济的发展，带动相关产业的发展和增加就业机会；另一方面间接拉动地方经济的发展，加快地方产业布局调整，公路的辐射改善了投资环境，拉动沿线经济的发展，推动物流业的兴起和旅游业的发展，促进城市化的进程，协调区域经济的发展。

第九章　预应力混凝土工程理论

第一节　概述

一、预应力混凝土的特点

构件钢筋混凝土的抗拉极限应变只有 0.0001~0.00015。构件混凝土受拉不开裂时，构件中受拉钢筋的应力只有 20~30N/mm^2，即使允许出现裂缝的构件，因受裂缝宽度限制，受拉钢筋的应力也仅达 150~200N/mm^2，钢筋的抗拉强度未能充分发挥。

预应力混凝土是解决这一问题的有效方法，即在构件承受外荷载前，预先在构件的受拉区对混凝土施加预压应力。当构件在使用阶段的外荷载作用下产生预拉应力时，首先要抵消预压应力，这就推迟了混凝土裂缝的出现并限制了裂缝的扩大，从而提高了构件的抗裂度和刚度。

对混凝土构件受拉区施加预压应力的方法，是将受拉区中的预应力钢筋，通过预应力钢筋或是钢筋锚具共同作用将预应力钢筋的弹性收缩力传递到混凝构件上，并产生预应力。

预应力钢筋之间的连接装置称为"连接器预应力筋"，与锚具等组合装配而成的受力单元称为"组装件"，如应力筋锚具组装件、预应力筋夹具组装件、预应力筋—连接器组装件等。

二、预应力钢筋的种类

为了获得较大的预应力，预应力钢筋常采用高强度钢材，目前较常见的有以下几种：

（1）高强钢筋

高强钢筋可分为冷拉热轧低合金钢筋和热处理低合金钢筋两种。冷拉钢筋是指经过冷拉提高了屈服强度的热轧低合金钢筋，过去我国采用的冷拉钢筋有冷拉Ⅱ级、冷拉Ⅲ级、冷拉Ⅳ级等，现已逐渐被淘汰。

高强钢筋中含碳量和合金含量对钢筋的焊接性能有一定的影响，尤其当钢筋中含碳量达到上限时，焊接质量不稳定。解决这一问题的方法是，在钢筋端部冷轧螺纹，或是钢厂用热轧方法直接生产一种无纵肋的精轧螺纹钢筋，在端部用螺纹套筒连接接长。目前，我国生产的精轧螺纹钢筋品种有直径为25mm及32mm，其屈服点分别达750MPa及950MPa以上。

（2）高强度钢丝

高强度钢丝是由高碳钢盘条经淬火、酸洗、冷拔制成为消除钢丝拉拔中产生的内应力，需经过矫直回火处理。钢丝直径一般为4~9mm，按外形分为光面、刻痕和螺旋肋三种。钢丝强度高，冷拔后表面光滑，为了保证高强钢丝与混凝土具有可持的粘结，钢丝表面常通过刻痕处理形成刻痕钢丝，或加工成螺旋肋。

预应力钢丝经矫直回火后，可消除钢丝冷拔过程中产生的残余应力，其比例极限、屈服强度和弹性模型等也会有所提高，塑件也有所改善，同时也解决了钢丝的矫直问题，这种钢丝通常被称为消除应力钢丝。消除应力钢丝的松弛损失虽比消除应力前低一些，但仍然较高。于是人们又发明了一种叫作"稳定化"的特殊生产工艺，即在一定的温度（如350℃）和拉应力下进行应力消除回火处理，然后冷却至常温，经"稳定化"处理后，钢丝的松弛值仅为普通钢丝的25%~33%。这种钢丝被称为低松弛钢丝，目前其已在国内外广泛应用。

（3）钢绞线

钢绞线是用冷拔钢丝绞组而成的，其方法是在绞线机上以一种稍粗的红钢丝为中心，其余钢丝则围绕其进行螺旋状绞合，再经低温回火处理即可。钢绞线根据深加工要求的不同又可分为普通松弛钢绞线（消除应力钢绞线）、低松弛钢绞线、镀锌钢绞线、环氧涂层钢绞线和模拔钢绞线等几种。

钢绞线规格有 2 股、3 股、7 股和 19 股等。7 股钢绞线由于面积较大、柔软、施工定位方便，适用于先张法和后张法预应力结构与构件，是目前国内外应用最广的一种预应力筋。

（4）无粘结预应力筋

无粘结预应力筋是一种在施加预应力后沿全长与周围混凝土不粘结的预应力筋，它由预应力钢材、涂料层和包裹层组成。无粘结预应力筋的高强钢材和有粘结的要求完全一样，常用的钢材为 7 根直径 5mm 的碳素钢丝束及由 7 根 5mm 或 4mm 的钢丝绞合而成的钢线线。无粘结预应力筋的制作，通常采用挤压涂塑工艺，外包聚乙烯或聚丙烯套管，套管内涂防腐建筑油脂，经挤压成型，物料包裹层裹挟在钢绞线或钢丝束上。

（5）非金属预应力筋

非金属预应力筋主要是指用纤维增强塑料预应力钢筋（简称 FRP）制成的预应力筋，主要有玻璃纤维增强塑料（GFRP）预应力筋、芳纶纤维增强塑料（AFRP）预应力筋及碳纤维增强遇料（CFRP）预应力筋等几种形式。

（6）非预应力筋

预应力混凝土结构中一般也均配有非预应力钢筋，非预应力钢筋可选用热轧钢筋 HRB335 或 HRB400，也可采用 HPB300 或 RRB400。箍筋宜选用热轧钢筋 HRB335、HRB400 等。

三、对混凝土的要求

在预应力混凝土结构中所采用的混凝土应具有高强、轻质和高耐久性的性质，一般要求混凝土的强度等级不宜低于 C40。目前，我国在一些重要的预应力混凝土结构中，已开始采用 C50~C60 的高强混凝土，并逐步向更高强度等级的混凝土发展。国外混凝土的平均抗压强度每 10 年提高 5~10MPa，现已出现抗压强度高达 2000MPa 的混凝土。

四、预应力的施加方法

预应力的施加方法，根据与构件制作相比较的先后顺序分为先张法、后张法两大类。按钢筋的张拉方法又分为机械张拉和电热张拉，后张法中因施工工艺的不同，又可分为一般后张法、后张自锚法、无粘结后张法等。

第二节　先张法施工

先张法是在浇筑混凝土构件之前，张拉预应力筋将其临时锚固在台座或钢模上，然后浇筑混凝土构件，待混凝土达到一定强度（一般不低于混凝土强度标准值的 75%），并使预应力筋与混凝土间有足够粘结力时，放松预应力，预应力筋压件回缩，借助混凝土与预应力筋间的粘结，对混凝土产生预压应力。

先张法多用于预制构件厂生产定型的中小型构件，也常用于生产预应力桥跨结构等。先张法生产有台座法、台模法两种。在用台座法生产时，预应力筋的张拉、锚固、构件浇筑、养护和放松等工序都在台座上进行，预应力筋的张拉力由台座承受。台模法为机组流水、传送带生产方法，此时预应力筋的张拉力由钢台模承受。本节主要介绍台座法生产预应力混凝土构件的预应力施工方法。

一、台座法

用台座法生产预应力混凝土构件时，预应力筋锚固定在台座横梁上，台座承受全部预应力的拉力，故台座应有足够的强度、刚度和稳定性，以避免台座变形、倾覆和滑移而引起预应力损失。

台座由台面、横梁和承力结构等组成。根据承力结构的不同，台座可分成墩式台座、槽式台座、桩式台座等。

（1）墩式台座

以混凝土墩做承力结构的台座称墩式台座，其一般用以生产中小型构件。台座长度较长，张拉一次可生产多根构件，从而可以减少因钢筋滑动引起的预应力损失。

当生产空心板、平板等平面布筋的小型构件时，由于张拉力不大，可利用简易墩式台座，将卧梁和台座浇筑成整体，充分利用台面受力。锚固钢丝的角钢用螺栓锚固在卧梁上。生产中型构件或多层叠浇构件时可使墩式台座台面局部加厚，以承受部分张拉力。

在设计墩式台座时，应进行台座的稳定性和强度验算。稳定性是指台座的抗倾斜能力。

进行强度验算时，支承横梁的牛腿，按柱子牛腿计算方法来计算配筋；墩式台座与台面接触的外伸部分，按偏心受压构件计算；台面按轴心受压杆件计算；横梁按承受均布荷载的简支梁计算，其挠度应控制在2mm以内，且不得产生翘曲。

（2）槽式台座

生产吊车梁、屋面梁、箱梁等预应力混凝土构件时，由于张拉力和倾覆力矩都较大，大多采用槽式台座。由于它具有通长的钢筋混凝土压杆，可承受较大的张拉力和倾覆力矩，其上加砌移墙，加盖后还可以进行蒸汽养护。为方便混凝土运输和蒸汽养护，槽式台座多低于地面。为便于拆迁，台座的压杆亦可分段浇制。

设计槽式台座时，也应进行抗倾与稳定性和强度验算。

二、夹具和张拉机具

（1）夹具

夹具是在先张法预应力混凝土构件施工时，为保持预应力筋的拉力并将其固定在生产台座（或设备）上的临时性锚固装置，或在后张法预应力混凝土结构或构件施工时，在张拉千斤顶或设备上夹持预应力筋的锚固装置夹具与预应力筋相适应。张拉机具则是用于张拉钢筋的设备，它应根据不同的夹具和张拉方式选用。预应力钢丝与预应力钢筋张拉所用夹具和张拉机具有所不同。

夹具应具有良好的自锚性能、松锚性能和安全的重复使用性能，主要锚固零件宜采取镀膜防锈。其他载性能由预应力—夹具组装件静载试验测定的夹具效率系数来确定。

（2）钢丝的夹具和张拉机具

①钢丝的夹具

先张法中钢丝的夹具分为两类：一类是将预应力筋锚固在台座或者钢模上的锚固夹具，另一类是张拉时保持预应力筋用的夹具。锚固夹具与张拉夹具都是可重复使用的工具。夹具的种类繁多，常用的张拉夹具有偏心式夹具、压销式夹具，常用的锚固夹具是圆锥齿板式夹具。

夹具本身须具备自锁和自锚能力。自锁即锥销、齿板或者锲块打入后不会反弹而脱出的能力，自锚即预应力筋张拉中能可靠地锚固而不被从夹具中拉出的能力。

在台座下生产构件多进行单根张拉，由于张拉力较小，一般用小型电动卷扬机张拉，以弹簧、杠杆等简易设备测力。用弹簧测力时宜设置行程开关，以便张拉到规定的拉力时能自行停车。

选择张拉机时，为了保证设备、人身安全和张拉力准确，张拉机具的张拉力应不小于预应力舒张拉力的 1.5 倍，张拉机具的张拉行程应不小于预应力筋张拉伸长值的 1.1~1.3 倍。

②钢筋的夹具

钢筋锚固多用螺丝端杆锚具、锁头锚和销片夹具等。张拉时可用连接器与螺丝端杆锚具连接，或用销片夹具等。

钢筋锁头，直径22mm以下的钢筋用对焊机热锻，大直径钢筋可用压模加热锻打或成型。锻过的钢筋需经过冷拉，以检验锁头处的强度。

销片式夹具由圆套筒和圆锥形销片组成，套筒内壁呈圆锥形，与销片卷度吻合，销片有两片式和三片式，钢筋就夹紧在销片的凹槽内。

先张法用夹具，除应具备静载锚固性能外，夹具还应具备下列性能：a.在预应力夹具组装件达到实际破断拉力时，全部零件均不得出现裂缝和破坏；b.应有良好的自锚性能；c.应有良好的放松性能。需大力敲击才能松开的夹具，必须证明其对预应力筋的锚固无影响，且对操作人员的安全不造成危险。夹具进入施工现场时必须检查其出厂质量证明书，以及其中所列的各项性能指标，并进行必要的静载试验，符合质量要求后方可使用。

③钢筋的张拉机具

先张法粗钢筋的张拉，分单根张拉和多根组成张拉。由于在长线台座上预应力筋的张拉伸长值较大，一般千斤顶行程多不能满足，故张拉较小直径钢筋可用卷扬机。此外，张拉直径12~20mm的单根钢筋、钢绞线或钢丝束，可用YC20型穿心式千斤顶。此外，YC18型穿心式千斤顶张拉行程可达250mm，亦可用于单根钢筋或钢筋束。

三、先张法施工工艺

（1）预应力筋的张拉

预应力筋张拉应根据设计要求进行。当进行多根成组张拉时，应先调整各预应力筋的初应力，使其长度和松紧一致，以保证张拉后各预应力筋的应力一致。

张拉时的控制应力按设计规定。控制应力的数值影响预应力的效果。控制应力高，建立的预应力值则大。但控制应力过高，预应力筋处于高应力状态，使构件出现裂缝的荷载与破坏荷载接近，破坏前无明显的预兆，这是不允许的。此外，施工中为减少松弛原因造成的预应力损失，一般要进行超张拉，如果原定的控制应力过高，再进行超张拉就可能使钢筋的应力超过流限。为此，《混凝土结构设计规范》（GB50050—2010）规定预应力钢筋的张拉控制应力值不宜超过规定的张拉控制应力限值，且消除应力钢丝、钢绞线、中强度预应力钢丝的张拉控制应力值不应小于0.4，预应力螺纹钢筋的张拉应力控制值不宜小于0.5。

①为了提高构件在施工阶段的抗裂性，而在使用阶段受压区内设置的预应力筋。

②为了部分抵消由应力松弛、摩擦、钢筋分批张拉以及预应力筋与台座之间的温差等因素产生的预应力损失。

建立上述张拉程序的目的是减少预应力的松弛损失。所谓"松弛"，即钢材在常温、高应力状态下具有不断产生物性变形的特性。松弛的数值与控制应力和延续时间有关，控制应力高松弛亦大，所以钢丝、钢绞线的松弛损失比冷拉热轧钢筋大，松弛损失还随着时间的延续而增加，但在一分钟内可完成损失总值的50%左右，在4h内则可完成80%。

用应力控制张拉时，为了校核预应力值，在张拉过程中应测出预应力筋的实际伸长值。如实际伸长值大于计算伸长值10%或小于计算伸长值5%，应暂停张拉，查明原因并采取措施予以调整后，方可继续张拉。

台座法张拉中，为避免台库承受过大的偏心压力，应先张拉靠近台座截面重心处的预应力筋。

多根预应力筋同时张拉时，必须事先调整初应力，使相互间的应力一致。预应力筋张拉锚固后的实际预应力值与设计规定检验值的相对允许偏差为±5%。

张拉完毕锚固时，张拉端的预应力筋回缩量不得大过设计规定值；锚固后，预应力筋对设计位置的偏差不得大于5mm，并不大于构件截面短边长度的4%。

另外，施工中必须注意安全，严禁正对钢筋张拉的两端站立人员，防止断筋回弹伤人。冬季张拉预应力筋，环境温度不宜低于 −15℃。

（2）混凝土的浇筑与养护

确定预应力混凝土的配合比时，应尽量减少混凝土的收缩和徐变，以减少预应力损失。收缩和徐变都与水泥品种和用量、水灰比、骨料孔隙率、振动成型等有关。

预应力筋张拉完成后，钢筋绑扎、模板拼装和混凝土浇筑等工作应尽快跟上。混凝土应振捣密实。在混凝土浇筑时，振动器不得碰撞预应力筋。混凝土未达到强度前，也不允许碰撞或踩动预应力筋。

混凝土可采用自然养护或湿热养护。但必须注意的是，当预应力混凝土构件在台座上进行湿热养护时，应采取正确的养护制度以减少由温差引起的预应力损失。预应力筋张拉后锚固在台座上，温度升高时预应力筋膨胀伸长，使预应力筋的应力减小。在这种情况下混凝土逐渐硬结，而预应力筋由于温度升高而引起的预应力损失不能恢复。因此，先张法在台座上生产预应力混凝土构件，其最高允许的养护温度应根据设计规定的允许温差（张拉钢筋时的温度，台座养护温度之差）计算确定。以机组流水法或传送带法用钢模制作预应力构件，湿热养护时钢模与预应力筋同步伸缩，故不引起温差预应力损失。

（3）预应力筋放松

混凝土强度达到设计规定的数值（一般不小于混凝土标准强度的 75%）后，才可放松预应力筋。这是因为放松过早会由于预应力筋回缩而引起较大的预应力损失。预应力筋放松应根据配筋情况和数量，选用正确的方法和顺序，否则易引起构件翘曲、开裂和断筋等现象。

当预应力筋采用钢丝时，对于配筋不多的中小型钢筋混凝土构件，钢丝可用砂轮锯或切断机切断等方法来放松。对于配筋多的钢筋混凝土构件，钢丝应同时放松，如逐根放松，则最后几根钢丝将由于承受过大的拉力而突然断裂，易使构件端部开裂。长线台座上放松后预应力筋的切断顺序，一般由放松端开始，逐次切向另一端。

预应力筋为钢筋时，热处理钢筋不得用电弧切割，宜用砂轮锯或切断机切断。数量较多时，也应同时放松。多根钢丝或钢筋同时放松时，可用油压千斤顶、沙箱、楔块等。

采用湿热养护的预应力混凝土构件，宜热态放松预应力筋，而不宜降温后再放松。

第三节 后张法施工

构件或进行块体制作时，在放置预应力筋的部位预先留有孔道，待混凝土达到规定强度后在孔道内穿入预应力筋，并用张拉机夹持预应力筋，将其张拉至设计规定的控制应力，然后借助锚具将预应力筋锚固在构件端部，最后进行孔道灌浆（亦有不灌浆者），这种施工方法称为后张法。

后张法的特点是直接在构件上张拉预应力筋，构件在张拉过程中完成混凝土的弹性压缩，因此不直接影响预应力筋有效预应力值的建立。锚具是预应力构件的一个组成部分，永远留在构件上，不能重复使用。

一、锚具和预应力筋制作

（1）锚具

在后张法预应力混凝土结构或构件中，为保持预应力筋的拉力并将其传递到混凝土上所用的永久性锚固装置称为锚具。

另一类用于后张法施工的夹具称为工具锚，它是在后张法预应力混凝土结构或构件施工时，张拉千斤顶或在设备上夹持预应力筋的临时性锚固装置。

①锚具的性能。

锚具的性能应满足以下要求：

在预应力筋强度等级已确定的条件下，预应力筋—锚具组装件的静载锚固性能试验结果，应同时满足锚具效率系数（小）等于或大于 0.95 和预应力筋总应变等于或大于 2.0% 两项要求。

锚具的静载锚固性能，应由预应力筋—锚具组装件静载试验测定的锚具效率系数和达到实测极限拉力时组装件受力长度的总应变确定。

当预应力筋—锚具（或连接器）组装件达到实测极限拉力时，应由预应力筋的断裂，而不应由锚具（或连接器）的破坏导致试验的终结。预应力筋拉应力未超过 0.8 时，锚具主要受力零件应在弹性阶段工作，脆性零件不得断裂。

用于承受静、动荷载的预应力混凝土结构，其预应力筋—锚具组装件，除应满足静载锚固性能要求外，还应满足循环次数为 200 万次的疲劳性能试验要求。在抗震结构中，预应力筋—锚具组装件还应满足循环次数为 5 次的周期荷载试验要求。

锚具尚应满足分级张拉、补张拉和放松拉力等张拉工艺的要求。锚固多根预应力筋的锚具，除应具有整束张拉的性能外，还应具有单根张拉的可能性。

②锚具的种类。

锚具的种类很多，不同类型的预应力筋所配用的锚具不同。目前，我国采用最多的锚具是大片式锚具和支承式锚具。下面介绍不同锚具的构造与使用：

a. 支承式锚具

螺母锚具属螺母锚具类，它由螺丝端杆、螺母和垫板三部分组成。型号有LM18~LM36，适用于直径 18~36mm 的预应力钢筋。锚具长度一般为 320mm，当为一端张拉或预应力筋的长度较长时，螺杆的长度应增加 30~50mm。

螺母锚具拉杆式千斤顶张拉或穿心式千斤顶张拉。

镦头锚具主要用于锚固多根数钢丝束。钢丝束镦头锚具分 A 型与 B 型。A型由锚环与螺母组成，可用于张拉端；B 型为锚板，用于固定端。

钢丝束锁头锚具的工作原理是将预应力筋穿过锚环的蜂窝眼后，用专门的锁头机将钢筋或钢丝的端头镦粗，将镦粗头的预应力束直接锚固在锚环上，待千斤顶拉杆旋入锚环内螺纹后即可进行张拉，当锚环带动钢筋或钢丝伸长到设计值时，将锚圈沿镐环外的螺纹旋紧定在构件表面，于是锚圈通过支承垫板将预压力传到混凝土上。

镦头锚具的优点是操作简便迅速，不会出现锥形锚具易发生的"滑丝"现象，故不会发生相应的预应力损失。这种锚具的缺点是下料长度要求很精确，否则，在张拉时会因各钢丝受力不均匀而发生断丝现象。

锁头锚具一般也采用拉杆式千斤顶或穿心式千斤顶张拉。

b. 锥塞式锚具

锥形锚具由钢质锚环和锚塞组成，用于锚固钢丝束。锚环内孔的锥度应与锚塞的锥度一致。锚塞上刻石细齿槽，夹紧钢丝防止滑动。

锥形锚具的尺寸较小，便于分散布置。缺点是易产生单根滑丝现象，钢丝回缩量较大，所引起的应力损失亦大，并且清丝后无法重复张拉和接长，应力损失很难补救。此外，钢丝锚固时呈辐射状态，弯折处受力较大。

钢质锥形锚具一般用锥锚式作用千斤顶进行张拉。

锥形螺杆锚具用于锚固 14~28 根直径 5mm 的钢丝束，它由锥形螺杆、套筒、螺母等组成。锥形螺杆锚具一般与拉杆式千斤顶配套使用，亦可采用穿心式千斤顶。

c. 夹片式锚具

JM 型锚具为单孔夹片式锚具，由锚环和夹片组成。JM12 型锚具可用于锚固 1~6 根直径为 12mm 的钢筋或 4~6 束直径为 12mm 的钢绞线。JM15 型锚具则可锚固直径为 15mm 的钢筋或钢绞线。

JM 型锚具性能好，锚固时钢筋束或钢绞线束被单根夹紧，不受直径误差的影响，且预应力筋是在呈直线状态下被张拉和锚固，受力性能好。

JM12 型锚具是一种利用楔块原理锚固多根预应力筋的锚具，它既可作为张拉端的锚具，又可作为固定端的锚具或作为重复使用的工具锚。

JM12 型锚具宜选用相应的穿心式千斤顶来张拉预应力筋。

XM 型锚具属多孔夹片锚具，是一种新型锚具。它是在一块多孔的锚板上，利用每个锥形孔装负夹片夹持一根钢绞线的楔紧式锚具。这种锚具的优点是任何一根钢绞线锚固失效，都不会使整束锚固失效，并且每束钢绞线的根数不受限制。

XM 型锚具由锚板与夹片组成。它既适用于锚固钢绞线束，又适用于锚固钢丝束；既可锚固单根预应力筋，又可锚固多根预应力筋。当用于锚固多根预应力筋时，既可单根张拉、逐根锚固，又可成组张拉、成组锚固。另外，它既可用作工作锚具，又可用作工具锚具。近年来，随着预应力混凝土结构和无粘结预应力结构的发展，XM 型锚具已得到广泛应用。实践证明，XM 型锚具具有通用性强、性能可靠、施工方便、便于高空作业的特点。

QM 型锚具也属于多孔夹片锚具，它适用于钢绞线束。该锚具由锚板、夹片组成。QM 型锚固体系配有专门的工具锚，以保证每次张拉后退楔方便，并减少了安装其锚所花费的时间。

OVM 型锚具是在 QM 型锚具的基础上，将夹片改为二片式，并在夹片背部上部锯有一条弹性槽，以提高锚固性能。

BM 型锚具是一种新型的夹片式扁形群锚，简称扁锚。它由扁锚头、扁形板、扁形喇叭管及扁形管道等组成。

扁锚的优点：张拉槽口扁小，可减小混凝土板厚，便于梁的预应力筋按实际需要切断后锚固，有利于节省钢材；钢绞线单根张拉，施工方便。这种锚具特别适用于空心板、低高度箱梁以及桥面横向预应力等张拉。

d. 握裹式锚具

钢绞线束的固定端的锚具除了可以采用与张拉端相同的锚具外，还可选用握裹式锚具。握裹式锚可分为挤压锚具与压花锚具两类。

挤压锚具是利用液压压头机将套筒挤紧在钢绞线端头上的一种锚具。套筒内衬有硬钢丝螺旋圈，在挤小后硬钢丝全部脆断，一半嵌入外钢套，一半压入钢绞线，从而增加钢套筒与钢绞线之间的摩擦力。锚具下设有钢垫板与螺旋筋。这种锚具适用于构件端部的受力大或端部尺寸受到限制的情况。

压花锚具是利用液压压花机将钢绞线端头压成梨形散花状的一种锚具。梨形头的尺寸对于 $\phi 15$ 钢绞线不小于 $95mm \times 150mm$。多根钢绞线梨形头应分排埋置在混凝土内。为提高压花锚四周混凝土及散花头根部混凝土抗裂强度，在散花头的头部配置构造筋，在散花头的根部配置螺旋筋，压花锚距构件截面边缘不小于 30cm。第一排压花锚的锚固长度，对 $\phi 15$ 钢绞线不小于 95cm，每排相隔至少 30cm。

（2）预应力筋的制作

①单根粗钢筋

根据构件长度和张拉工艺要求，单根预应力钢筋可在一端或两端进行张拉。一般张拉端和固定端均采用螺母锚具。

单根粗钢筋预应力筋的制作，包括配料、对焊等工序，预应力筋的下料长度应由计算确定，计算时要考虑锚具型号、对焊接头的压缩量、张拉伸长值、构件长度，如进行冷拉，则还要计入冷拉的冷拉率和弹性回缩率等因素。冷拉弹性回缩率一般为 0.4%~0.6%。对焊接头的压缩后，包括钢筋与钢筋、钢筋与螺丝端杆的对焊压缩，接头的压缩量取决于对焊时的闪光留量和顶锻留量，每个接头的压缩值一般为 20~30mm。

螺丝端杆外露在构件孔道外的长度，根据垫板厚度、螺母高度和拉伸机与螺母锚具连接所需长度确定，一般为 120~150mm。

②钢丝束

钢丝束的制作随锚形式的不同制作方式也有差异，一般包括调直、下料、编束和安装锚具等工序。

用钢质锥形锚具锚固的钢丝束，其制作和下料长度计算基本上与钢筋束相同。

用锁头锚具锚固的钢丝束，其下料长度应力求精确，对直线或一般曲率的钢丝束，下料长度的相对误差要控制在 1/5000 以内，并且不大于 5mm。为此，要求钢丝在应力状态下切断下料，下料的控制应力为 300N/mm²。钢丝下料长度，取决于是 A 型还是 B 型锚具以及是一端张拉还是两端张拉。

用锥形螺杆锚固的钢丝束，经过矫直的钢丝可以在非应力状态下料。

为防止钢丝拉结，必须进行编束。在平整场地上先把钢丝理顺平放，然后在其全长中每隔 1m 左右用 22 号钢丝编成帘子状，再每隔 1m 放一个接端杆直径制成的螺丝衬圈，并将编好的钢丝帘绕衬圈围成圆束绑扎牢固。

锥形螺杆锚具的安装需经过预紧，即先把钢丝均匀地分布在锥形螺杆的周围，套上套筒，通过工具式套筒将套筒打紧，再用千斤顶和工具式预紧器以 110%~130% 的张拉控制应力预紧，将钢丝束牢固地锚固在锚具内。

③预应力钢筋束和钢绞线束

钢筋束、热处理钢筋和钢绞线是成盘状供应，长度较长。其制作工序：开盘—下料—编束。

下料时，宜采用切断机或砂轮锯切机，不得采用电弧切割。钢绞线在切断前，在切口两侧各 50mm 处，应用铅丝绑扎，以免钢绞线松散。编束是将钢绞线理顺后，用铅丝每隔 1.0m 左右绑扎成束，在穿筋时应注意防止扭结。预应力筋的下料长度主要与张拉设备和选用的锚具有关。一般为孔道长度加上锚具与张拉设备的长度，并考虑 100mm 左右的预应力筋在张拉设备端部外露长度。

二、张拉机具设备

张拉设备由液压张拉千斤顶、高压油泵和外接油管组成。

（1）张拉千斤顶

预应力用液压千斤顶是以高压油泵驱动，完成预应力筋的张拉、锚固和千斤顶的回程动作。按机型的不同，可分为拉杆式千斤顶、穿心式千斤顶、锥锚式千斤顶等；按使用功能的不同，可分为单作用千斤顶、双作用千斤顶、三作用千斤顶；张拉的吨位小于 250kN 为小吨位千斤顶，在 250~1000kN 之间为中吨位千斤顶，大于 1000kN 为大吨位千斤顶。

①拉杆式千斤顶

拉杆式千斤顶由主油缸、主缸活塞、回油缸、回油活塞、连接器、传力架、活塞拉杆等组成。张拉前，先将连接器旋在预应力的螺丝端杆上，相互连接牢固。千斤顶由传力架支承在构件端部的钢板上。张拉时，高压油进入主油缸，推动主缸活塞及拉杆，通过连接器和螺丝端杆，预应力筋被拉伸。千斤顶拉力的大小可由油泵压力表的读数直接显示。当张拉力达到规定值时，拧紧螺丝端杆上的螺母，此时张拉完成的预应力筋被锚固在构件的端部。锚固后回油缸进油，推动回油活塞工作，千斤顶脱离构件，油缸活塞、拉杆和连接器回到原始位置。最后将连接器从螺丝端杆上卸掉，卸下千斤顶，张拉结束。

目前常用的千斤顶是 YL60 型拉杆式千斤顶。另外，还有 YL400 型和 YL500 型千斤顶，其张拉力分别为 4000kN 和 5000kN，主要用于张拉力大的钢筋张拉。

②穿心式千斤顶

穿心式千斤顶是利用双液压缸张拉预应力筋和顶压锚具的双作用千斤顶。穿心式千斤顶适用于张拉带 JM 型锚具的钢筋束或钢线线束，配上撑脚与拉杆后，也可作为拉杆式千斤顶张拉带螺丝端杆锚具和镦头锚具的预应力筋。系列产品有 YC20 型、YC60 型与 YC120 型千斤顶。

YC60 型千斤顶主要由张拉油缸、顶压油缸、顶压活塞、穿心套、保护套、端盖堵头、连接套、撑套、回弹弹簧和动、静密封圈等组成。该千斤顶具有双重作用，即张拉与顶锚。其工作原理是张拉预应力筋时，张拉缸油嘴进油、顶压缸油嘴回油，顶压油缸、连接套和撑套连成一体右移顶住锚环；张拉油缸、端盖螺母及堵头和穿心套连成一体带动工具锚左移张拉预应力筋；顶压锚固时，在保持张拉力稳定的条件下，顶压缸油嘴进油，顶压活塞、保护套和顶压头连成一体右移将夹片强力顶入锚环内，此时张拉缸油嘴回油、顶压缸油嘴进油、张拉缸液压回程。最后，张拉缸、顶压缸油嘴同时回油，顶压活塞在弹簧力作用下回程复位。

大跨度结构、长钢丝束等伸长最大者，用穿心式千斤顶为宜。

③锥锚式千斤顶

锥锚式千斤顶是具有张拉、顶锚和退楔功能的三作用千斤顶，用于张拉带钢质锥形锚具的钢丝束。系列产品有 YZ38 型、YZ60 型和 YZ85 型。

锥锚式千斤顶由张拉油缸、顶压油缸、退楔装置、楔形卡环、退楔翼片等组成。其工作原理是当张拉油缸进油时，张拉缸被压移，使固定在其上的钢筋被张拉钢筋张拉后，改由顶压油缸进油，随即由副缸活塞将锚塞顶入锚圈中，张拉缸、顶压缸同时回油，则在弹簧力的作用下复位。

④其他类型的千斤顶

近年来，由于预应力技术的不断发展，大跨度、大吨位预应力工程越来越普遍，出现了许多新型张拉千斤顶，如大孔径穿心式千斤顶、前置内卡式千斤顶、开口式双千斤顶及扁千斤顶等。

大孔径穿心式千斤顶又称群锚千斤顶，它是一种具有一个大口径穿心孔，利用单液缸进行张拉的单作用千斤顶。它适用于大吨位钢绞线束，增加拉杆和撑脚等还具有拉杆式千斤顶的功能。目前的型号有 YCD 型、YCQ 型、YCW 型等。

前置内卡式千斤顶也是一种穿心式千斤顶，它将工具锚设置在千斤顶内的前部，它可大大减小预应力钢筋的预留外露长度，节约钢筋。这种千斤顶还具有使用方便、作业效率高的优点。

开口式双千斤顶，利用单活塞杆缸体将预应力筋固定在其开口处，用于张拉单根超长钢绞线的分段张拉。

扁千斤顶是用于房屋改造加固或补救工程中的一种特殊的千斤顶。它是由特殊钢材做成的薄型压力缸，利用液压产生有限的位移对预应力钢筋施加很大的力。

它分为临时式和永久式两种形式。永久式的扁千斤顶在张拉后用树脂材料置换液油作为结构的一部分永久保留在结构中。

（2）高压油泵

高压油泵是向液压千斤顶的各个油缸供油，使其活塞按照一定速度伸出或回缩的主要设备。油泵的额定压力应等于或大于千斤顶的额定压力。

高压油泵分为手动和电动两类，目前常使用的有 B4-500 型、ZB10/320~4/800 型、ZB0.8-500 型与 ZB0.7-630 型等，其额定压力为 40~80MPa。

用千斤顶张拉预应力筋时，张拉力的大小是通过油泵上的油压表的读数来控制的。油压表的读数表示千斤顶张拉油缸活塞单位面积的油压力。在理论上如已知张拉力 N、活塞面积 A，则可求出张拉时油表的相应读数，但实际张拉力往往比理论计算值小。其原因是一部分张拉力被油缸与活塞之间的摩阻力所抵消。而摩阻力的大小受多种因素的影响又难以计算为保证预应力筋张拉应力的准确性，应定期校验千斤顶，确定张拉力与油表读数的关系。校验期一般不超过 6 个月。校正后的千斤顶与油压表必须配套使用。

三、后张法施工工艺

后张法施工步骤：先制作构件，预留孔道；待构件混凝土达到规定强度后，在孔道内穿放预应力筋，预应力筋张拉并锚固，最后孔道灌浆。下面主要介绍孔道的预设、预应力筋的张拉和孔道灌浆三部分内容。

（1）孔道留设

孔道留设是后张法构件制作中的关键工作。孔道留设方法有钢管抽芯法、胶管抽芯法和预埋波纹管法。预埋波纹管法只用于曲线形孔道，在留设孔道的同时还要在设计规定位置留设灌浆孔。一般在构件两端和中间每隔 12m 处留一个直径 20mm 的灌浆孔，并在构件两端各设一个排气孔。

①钢管抽芯法

预先将钢管埋设在模板内孔道位置处，在混凝土浇筑过程中和浇筑之后，每间隔一定时间慢慢转动钢管，使之不与混凝土粘结；待混凝土初凝后、终凝前抽出钢管，即形成孔道。该法只可留设直线孔道。

钢管要平直，表面要光滑，安放位置要准确。一般用间距不大于 1m 的钢筋井字架固定钢管位置。每根钢管的长度最好不超过 15m，以便旋转和抽管，较长构件则用两根钢管，中间用套管连接，钢管的旋转方向两端要相反。

恰当掌握抽管时间很重要，过早会坍孔，太晚则抽管困难。一般在初凝后、终凝前，以手指按压混凝土不枯浆又无明显印痕时则可抽管。为保证顺利抽管，混凝土的浇筑顺序要密切配合。

抽管顺序宜先上后下，抽管可用人工或卷扬机，抽管要边抽边转，速度均匀与孔道成一直线。

②胶管抽芯法

胶管有布胶管和钢丝网胶管两种。用间距不大于 0.5m 的钢筋井字架固定位置，浇筑混凝土前，胶管内充入压力为 $0.6 \sim 0.8 N/mm^2$ 的压缩空气或压力水，此时胶管直径增大 3mm 左右，待浇筑的混凝土初凝后，放出压缩空气或压力水，管径缩小而与混凝土脱离，便于抽出，钢丝网胶管质硬，具有一定弹性，留孔方法与钢管一样，只是浇筑混凝土后不需要转动，由于其有一定弹性，抽管时在拉力作用下断面缩小易于拔出。采用胶管抽芯留孔，不仅可留直线孔道，而且可留曲线孔道。

③预埋波纹管法

波纹管为特制的带波纹的金属管或塑料管，与混凝土有良好的粘结力。波纹管预埋在构件中预埋时用间距不大于 0.8m 的钢筋井字架加以固定，浇筑混凝土后不再抽出，在管中穿入钢筋后张拉。预埋波纹管具有施工方便、无须拔管、孔道摩阻力小等优点，目前在工程中的运用越来越普遍。

（2）预应力筋张拉

张拉预应力筋时，构件混凝土的强度应按设计规定，如设计无规定，则不宜低于混凝土标准强度的 75%。

后张法预应力筋的张拉应注意下列问题：

①后张法预应力筋的张拉程序，与所采用的锚具种类有关。为减少松弛损失，张拉程序一般与先张法相同。

②对配有多根预应力筋的构件，应分批、对称地进行张拉。对称张拉是为避免张拉时构件截面呈过大的偏心受压状态。分批张拉，要考虑后张预应力筋张拉时产生的混凝土弹性压缩，会对先批张拉的预应力筋的张拉应力产生影响。

③对平卧叠浇的预应力混凝土构件，上层构件的重量产生的水平摩阻力，会阻止下层构件在预应力筋张拉时混凝土弹性压缩的自由变形。待上层构件起吊后，由于摩阻力影响消失会增加混凝土弹性压缩的变形，从而引起预应力损失。该损失值随构件形式、隔离层和张拉方式而不同。为便于施工，可采取逐层加大超张拉的办法来弥补该预应力损失。

④为减少预应力筋与预留孔孔壁摩擦而引起的应力损失，对抽芯成型孔道的曲线形预应力筋和长度大于 24m 的直线预应力筋，应采用两端张拉；长度等于或小于 24m 的直线预应力筋，可一端张拉，但张拉端宜分别设置在构件两端。对预埋波纹管孔道，曲线形预应力筋和长度大于 30m 的直线预应力筋宜在两端张拉；长度等于或小于 30m 的曲线预应力筋，可在一端张拉。用双作用千斤顶两端同时张拉钢筋束、钢绞线束或钢丝束时，为减少顶压时的应力损失，可先顶压一端的锚塞，而另一端在补足张拉力后再进行顶压。

⑤在预应力筋张拉时，往往需采取超张拉的方法来弥补多种预应力的损失。此时，预应力筋的张拉应力较大，有时会超过规定值。例如，多层叠浇的最下一层构件中的先批张拉钢筋，既要考虑钢筋的松弛，又要考虑多层叠浇的摩阻力影响，还要考虑后批张拉钢筋的张拉影响，往往张拉应力会超过规定值。此时，可采取下述方法解决：

a. 先采用同一张拉值，而后复位补足。

b. 分两阶段建立预应力，即全部预应力张拉到一定数值（如 90%），第二次张拉至控制值。

⑥当采用预应力控制方法张拉时，应校核预应力筋的伸长值，如实际伸长值比计算伸长值大 10% 或小 5%，应暂停张拉，在采取措施予以调整后，方可继续张拉。

预应力筋的实际伸长值，宜在初应力为张拉控制应力 10% 左右时开始测量，但必须加上初应力以下的推算伸长值；对后张法，应扣除混凝土构件在张拉过程中的弹性压缩值。

电热法是利用钢筋热胀冷缩原理来张拉预应力筋。施工时，在预应力筋表面涂上热熔涂料（硫黄砂浆、沥青等）后直接浇筑于混凝土中，然后将低电压、强电流通过钢筋，由于钢筋有一定电阻，致使钢筋温度升高而产生纵向伸长，待伸长至规定长度时，切断电流立即加以锚固。钢筋冷却时回缩建立预应力，用波纹管或其他金属管道做预留孔道的结构，不得用电热法张拉。

用电热法张拉预应力筋，设置简单、张拉速度快、可避免摩擦损失，张拉曲线形钢筋或高空进行张拉更有其优越性。电热法是以钢筋的伸长值来控制预应力值的，此值的控制不如千斤顶张拉对应力控制法精确，当材质掌握不准时会直接影响预应力值的准确性。故在成批生产时应用千斤顶进行抽样校核，对理论电热伸长值加以修正后再进行施工。因此，电热法不宜用于抗裂要求较高的构件。

电热法施工中，钢筋伸长值是控制预应力的依据，钢筋伸长率等于控制应力和电热后钢筋弹性模量的比值。计算中还应考虑钢筋的长度、电热后产生的塑性变形及锚具、台座或钢模等的附加伸长值等多种因素。由于电热法施加预应力时，预应力值较难准确控制，且施工中电能消耗多较大，目前已很少采用。

（3）孔道灌浆

预应力筋张拉后，应随即进行孔道灌浆，尤其是钢丝束，张拉后应尽快进行灌浆，以防锈蚀增加结构的抗裂性和耐久性。

灌浆宜用标号不低于普通硅酸盐水泥调制的水泥浆，但水泥浆的抗压强度不宜低于 $30N/mm^2$ 且应有较大的流动性和较小的干缩性、泌水性（搅拌后 3h 的泌水率不得超过 3%），水灰比不应大于 0.45。

为使孔道灌浆密实，改善水泥浆性能，可在水泥浆中掺入缓凝剂。此时，水灰比可减小至 0.35~0.38。

灌浆前，用压力水冲洗和润湿孔道。灌浆过程中，可用电动或手动灰浆泵进行灌浆，水泥浆应均匀缓慢地注入，不得中断。灌满孔道并封闭气孔后，宜再继续加注至 0.5~0.6Mpa，并稳定一段时间（2min），以确保孔道灌浆的密实性。对不掺外加剂的水泥浆可采用二次灌浆法来增强灌浆的密实性，两次压浆的间歇时间宜为 30~45min。

灌浆顺序应先下后上。曲线孔道灌浆宜由最低点注入水泥浆，至最高点排气孔排尽空气并溢出浓浆为止。

第四节　无粘结预应力混凝土施工

无粘结预应力施工，特别是后张法预应力混凝土的发展，近年来在我国得到了较大的推广。

在普通后张法预应力混凝土中，预应力筋与混凝土是通过灌浆建立粘结力的，在使用荷载作用下，构件的预应力筋与混凝土不会产生纵向的相对滑动。无粘结预应力施工方法是在预应力筋表面刷涂料并包塑料布（管）后，如同普通钢筋一样先铺设在安装好的模板内，然后浇筑混凝土，待混凝土达到设计要求强度后，进行预应力筋张拉，而后在钢筋末端锚固，预应力筋与混凝土之间没有粘结。这种预应力工艺的优点是不需要预留孔道和灌浆，施工简单，张拉时摩阻力较小，预应力筋易弯成曲线形状，适用于曲线配筋的结构。无粘结预应力束应用在双向连续平板和密肋板中更为经济合理，在多跨连续梁中也很有发展前途。

一、无粘结预应力束的制作

无粘结预应力束由预应力钢丝、防腐涂料和外包层及锚具组成。

原材料的准备及制作如下：

（1）无粘结预应力筋

无粘结预应力筋有多种，常用的有 7 根高强钢丝组成的钢丝束以及 7 根 ϕ4 或 7 根 ϕ5 的钢绞线。

（2）无粘结预应力筋表面涂料

无粘结预应力筋需长期保护，使之不受腐蚀，其表面涂料还应符合下列要求：①在 $-20\,℃ \sim 70\,℃$ 温度范围内不流淌、不裂缝变脆，并有一定韧性；②使用期内化学稳定性高；③对周围材料无侵蚀作用；④不透水、不吸湿；⑤防腐性能好；⑥润滑性能好，摩擦阻力小。

根据上述要求，目前一般选用 1 号或 2 号建筑油脂作为无粘结预应力束的表面涂料。

（3）无粘结预应力束外包层

外包层的包裹物必须具有一定的抗拉强度、防渗漏性能，同时还须符合下列要求：①在使用温度范围内（$-20\,℃ \sim 70\,℃$），低温不脆化，高温化学性能稳定；②具有足够的韧性、抗磨性；③对周围材料无侵蚀作用；④保证预应力束在运输、储存、铺设和浇筑混凝土过程中不发生不可修复的破坏。一般常用的包裹物有塑料布、塑料薄膜或牛皮纸，其中塑料布或塑料薄膜防水性能、抗拉强度和延伸率较好。此外，还可选用聚氯乙烯、高压聚乙烯、低压聚乙烯等挤压成型后作为预应力束的涂层包裹层。

（4）无粘结预应力束的制作

一般有缠纸工艺、挤压涂层工艺两种制作方法。

无粘结预应力束制作的纯纸工艺是在缠纸机上连续作业，完成编束、涂油、皱头、缠塑料布和切断等工序。挤压涂层工艺主要是钢丝通过涂油装置涂油，涂油钢丝束通过物料挤压机成型物料薄膜，再经冷却筒槽成型切料套管。这种无粘结应力束挤压涂层工艺与电线、电缆包裹电料套管的工艺相似，具有效率高、质量好、设备性能稳定的特点。

（5）锚具

无粘结预应力构件中，锚具是把预应力束的张拉力传递给混凝土的工具，外荷载引起的预应力束应力全部由锚具承担。因此，无粘结预应力束的锚具不仅受力比有粘结预应力筋的锚具大，而且承受的是重复荷载。因而无粘结预应力束的锚具应有更高的要求。一般要求无粘结预应力束的锚具至少应能承受预应力束最小规定极限强度的 95%，而且不超过预期的滑动值。

我国主要采用高强钢丝和钢绞线作为无粘结预应力束。高强钢丝预应力束主要用镦头锚具，钢绞线预应力束则可采用 XM 型锚具。

二、无粘结预应力施工工艺

下面主要叙述在无粘结预应力构件制作工艺中的几个主要问题，即无粘结预应力束的铺设、张拉和锚头端部处理。

（1）无粘结预应力束的铺设

无粘结预应力束在平板结构中一般为双向曲线配置，因此其铺设顺序很重要。一般是根据双向钢丝束交点的标高差，绘制钢丝束的铺设顺序图，钢丝束波峰低的底层钢丝束先行铺设，然后依次铺设波峰高的上层钢丝束，这样可以避免钢丝束之间的相互穿插。钢丝束铺设波峰的形成是用钢筋制成的"马凳"来架设的。一般施工顺序是依次放置钢筋马凳，然后按顺序铺设钢丝束。钢丝束就位后，调整波峰高度及其水平位置，经检查无误后，用铅丝将无粘结预应力束与非预应力钢筋绑扎牢固，防止钢丝束在浇筑混凝土施工过程中发生位移。

（2）无粘结预应力束的张拉

无粘结预应力束的张拉与普通后张法带有螺丝端杆锚具的有粘结预应力钢丝

束的张拉方法相似。由于无粘结预应力束多为曲线配筋，故应采用两端同时张拉。无粘结预应力束的张拉顺序，应根据其铺设顺序，先铺设的先张拉、后铺设的后张拉。

　　无粘结预应力束一般长度长，有时又呈曲线形布置，如何减少其摩阻损失值是一个主要的问题。影响摩阻损失值的主要因素是润滑介质、包裹物和预应力束截面形式。摩阻损失值，可用标准测力计或传感器等测力装置进行测定。施工时，为降低摩阻损失值，宜采用多次单复张拉工艺。

　　（3）无粘结预应力束的锚头端部处理

　　无粘结预应力束由于一般采用锁头锚具，锚头部位的外径比较大，因此，钢丝束两端应在构件上预留有一定长度的孔道，其直径略大于锚具的外径。钢丝束张拉锚固以后，其端部便留下孔道，并且该部分钢丝没有涂层，为此应加以处理保护预应力钢丝。

　　无粘结预应力束锚头端部处理，目前常采用两种方法：第一种方法是在孔道中注入油脂并加以封闭；第二种方法是在两端留设的孔道内注入环氧树脂水泥砂浆，其抗压强度不低于 35MPa，灌浆的同时将锚头封闭，防止钢丝锈蚀，起一定的锚固作用。预留孔道中注入油脂或环氧树脂水泥砂浆后，用 C30 级的细石混凝土封闭锚头部位。

参考文献

[1] 贾飞. 浅谈土木工程结构设计与施工技术两者之间的关系 [J]. 城市建设理论研究 (电子版), 2014, (36):10410-10411.

[2] 王娜. 土木工程建筑中混凝土结构的施工技术探究 [J]. 工程技术 (文摘版), 2023.

[3] 杭鹏. 在土木工程建设中结构与地基加固技术的应用 [J]. 城市建设理论研究 (电子版 , 2014,(26):2412-2419.

[4] 刘凌云. 土木工程专业钢结构课程教学改革初探 [C]// 土木建筑教育改革理论与实践，2023.

[5] 左海军. 在土木工程建设中结构与地基加固技术的应用 [J]. 城市建设理论研究 (电子版), 2015(11).

[6] 欧进萍. 钢筋混凝土结构地震损伤理论与应用 [C]// 中国科协 21 世纪土木工程学科的发展趋势报告会，1997.

[7] 詹起容. 探讨土木工程建设中钢结构技术的应用与管理 [J]. 城市建设理论研究 (电子版), 2014(18):300-301.

[8] 杨晖. 土木工程中结构与地基的加固作用 [J]. 城市建设理论研究 (电子版), 2013(30):1-4.

[9] 周合华. 关于土木工程结构设计中存在的问题与对策 [J]. 城市建设理论研究 (电子版 , 2017(21).

[10] 朱汉华, 周智辉, 等. 土木工程结构变形协调与受力安全 [M]. 人民交通出版社 ,2014.

[11] 中国土木工程学会.土木工程技术理论发展报告[M].北京：中国建筑工业出版社,2010.

[12] 王天稳.土木工程结构试验(平台课程群)(高等学校土木工程专业卓越工程)[M].武汉：武汉大学出版社,2014.

[13] 王立峰,卢成江.土木工程结构试验与检测技术[M].北京：科学出版社,2010.

[14] 刘静.浅谈土木工程中结构与地基加固技术[J].城市建设理论研究(电子版),2014.

[15] 李褚亮.土木工程中结构与地基加固技术[J].城市建设理论研究(电子版),2016(19).40.

[16] 李冬生,杨伟,喻言.土木工程结构损伤声发射监测及评定：理论、方法与应用[M].北京：科学出版社,2017.

[17] 何凤璟.关于土木工程结构设计中存在的问题与对策[J].城市建设理论研究（电子版）,2018(17):152-157.

[18] 李炜明,马腾飞.土木工程课程教学与结构设计竞赛融合模式的探索[J].实验室研究与探索,2019,38(8):51.

[19] 郭盛.土木工程结构设计与施工技术的关系分析[J].市场周刊·理论版,2019.

[20] 曹艳辉.土木工程中结构与地基加固技术[J].城市建设理论研究(电子版),2015(35):889-889.

[21] 吕大刚,宋鹏彦,于晓辉,等.土木工程结构抗震可靠度理论的研究与发展[C]//结构工程新进展国际论坛.同济大学,2009.

[22] 黄志娟.探讨土木工程建设中钢结构技术的应用与管理[J].城市建设理论研究(电子版),2014(25).

[23] 于阿涛,赵鸣.基于振动的土木工程结构健康监测研究进展[C]//全国结构理论计算与工程应用学术会议.中国建筑学会,2005.

[24] 张小霞 . 结构创新与土木工程的可持续发展 [J]. 城市建设理论研究 (电子版), 2016(34):16.

[25] 杨伟军 , 赵传智 . 土木工程结构可靠度理论与设计 [M]. 北京：人民交通出版社 ,1998.

[26] 张飞龙 . 土木工程建筑结构设计的优化分析 [J]. 营销界 (理论与实践), 2020.

ISBN 978-7-5731-4889-6

9 787573 148896 >

定价： 89.00 元